NRIネットコム株式会社
東影勇太
和田直樹

UIデザインの アイデア帳

アプリ・Web制作の現場で使える
基本＋実践ノウハウ83

JN213920

SB Creative

本書に関するお問い合わせ

この度は小社書籍をご購入いただき誠にありがとうございます。小社では本書の内容に関するご質問を受け付けております。本書を読み進めていただきます中でご不明な箇所がございましたらお問い合わせください。なお、ご質問の前に小社Webサイトで「正誤表」をご確認ください。最新の正誤情報を下記のWebページに掲載しております。

本書サポートページ　　https://isbn2.sbcr.jp/29120/

上記ページの「サポート情報」にある「正誤情報」のリンクをクリックしてください。なお、正誤情報がない場合、リンクは用意されていません。

ご質問送付先

ご質問については下記のいずれかの方法をご利用ください。

Webページより

上記のサポートページ内にある「お問い合わせ」をクリックしていただき、ページ内の「書籍の内容について」をクリックすると、メールフォームが開きます。要綱に従ってご質問をご記入の上、送信してください。

郵送

郵送の場合は下記までお願いいたします。

〒105-0001
東京都港区虎ノ門2-2-1
SBクリエイティブ　読者サポート係

■本書内に記載されている会社名、商品名、製品名などは一般に各社の登録商標または商標です。本書中では®、™マークは明記しておりません。
■本書の出版にあたっては正確な記述に努めましたが、本書の内容に基づく運用結果について、著者およびSBクリエイティブ株式会社は一切の責任を負いかねますのでご了承ください。

©2025 Yuta Higashikage / Naoki Wada
本書の内容は著作権法上の保護を受けています。著作権者・出版権者の文書による許諾を得ずに、本書の一部または全部を無断で複写・複製・転載することは禁じられております。

はじめに

　Webやアプリのデザインを考えるとき、見た目の美しさだけでなく、使いやすさや機能性をどう実現するかが重要になります。ボタンの配置や色の選び方、情報の整理方法次第で、操作性は飛躍的に向上します。しかし、UIデザインを学び始めたばかりの人や、デザインの引き出しを増やしたいと考えている人は、「どのように作ればよいのか」「より良いデザインにするにはどうすればいいのか」と悩むことも多いのではないでしょうか。

　本書は、UIデザインを学びたい初心者からクオリティを上げたいデザイナー、さらにはWebやアプリのプロジェクトに関わる方々に向けて、基礎知識から実践で役立つヒントやノウハウを体系的にまとめ、解説した一冊です。

　本書は6つの章で構成されています。

　第1章では、『UIデザインを行ううえで、押さえておきたい基礎知識やデザインする前に必要な準備』について解説します。UIデザインの役割や、優れたUIに共通する原則、調査やペルソナの作成といった準備工程、ワイヤーフレームの作成や実際のデザイン制作について取り上げます。

　第2章では、Webやアプリのデザインを考える上で欠かせない『グランドデザインの作り方』について説明します。サービス全体の印象に大きく影響し、その後のデザインの指針となるグランドデザインをどう定めるか、ビジュアルのスタイルや全体の統一感をどのように決めるかを、具体的なサンプル画面を交えて解説しています。

　第3章では、『より魅力的なデザインにするためのビジュアル面のヒント』を紹介します。余白の使い方や角丸の調整、色の組み合わせ、写真やイラスト、アイコンの活用方法など、視覚的に訴求力のあるデザインにするための工夫を学べます。

　第4章と第5章では、UIの改善ポイントにフォーカスし、悪い例と良い例を並べて比較しながら、『どのようにすればより使いやすく、わかりやすいレイアウトになるか』を解説します。

　第6章では、ボタンやフォーム、ナビゲーションといったUIパーツごとに細かく解説し、『UIパーツの視点からアプリの改善に役立ちすぐ使えるテクニック』を紹介します。

　UIデザインの知識を学ぶだけでなく、実際のデザイン制作にすぐ役立つアイデアを詰め込んでいます。手元に置いてパラパラとめくりながら、必要なときにヒントを得られるような一冊を目指しました。初心者の方も経験者の方も、それぞれの課題に応じてご活用いただければ幸いです。

CONTENTS

CHAPTER 1 ▶ **UIデザインの基礎知識** 7

01 UIデザインの考え方 8

02 ベストなUIの形状は90%決まっている 12

03 UIデザインの準備工程 14

04 UIデザインの制作工程 18

Column 対話型AIを使った要件定義 24

CHAPTER 2 ▶ **グランドデザインを作る** 25

01 グランドデザインの作り方 26

02 シンプルな信頼感のあるUI 28

03 未来的、先進的なUI 30

04 親しみやすい、かわいいUI 32

05 スタイリッシュなUI 34

06 デザインシステムを作る 36

Column デザイナーのコミュニケーションツール 38

CHAPTER 3 ▶ **ビジュアルを改善するヒント** 39

01 余白と角丸 40

02 ヘッダー、ナビゲーション、ボタン 42

03 画面内の配色割合 44

04 ダークモードを作るとき 46

05 写真の使い方 48

06 イラストの使い方 50

07 アイコンの使い方 52

Column FigmaのUIキットを活用しよう 56

CHAPTER 4 ▶ **UIを改善するヒント** 57

01 デスクトップアプリとモバイルアプリの違い 58

02 やることの導線を明確に 62

03 リンクとページタイトルの表記を揃える 64

04 文言を洗練させる 66

05 なくてもわかるものは削る 70

06 ユーザーへのフィードバック 72

07	エラーの表現方法	74
08	省略を活用しよう	76
09	サムネイルで識別を助ける	78
10	危険な操作の前は必ず確認を入れる	80
11	重要な意思決定のボタンは操作前に情報を知らせる	82
12	0件表示（エンプティステート）は必ず用意する	84
13	初回ユーザー向けの案内を用意する	86
14	よく使う操作を手前に	90
15	ステータスをわかりやすく	92
16	クリック範囲をわかりやすく	94
17	有効なアニメーションをつける	96

Column Figma でアニメーションを設定する ……… 99

| 18 | アニメーションは要所に絞り、速く動かす | 100 |

Column デザイナーと開発者のコミュニケーション ……… 102

CHAPTER 5 ▶ レイアウトを改善するヒント 103

01	デスクトップアプリのページレイアウト	104
02	モバイルアプリのページレイアウト	106
03	画面に情報を詰め込みすぎない	108
04	視線の流れに沿う	110
05	画面のグループ分けと情報の精査	112
06	余白と罫線	114
07	テキストは画面幅いっぱいにしない	116
08	画面サイズが小さいときを考慮する	118
09	多言語化を考慮する	120
10	一覧を見やすくする	122
11	詳細画面の表示パターン	126
12	スクロール範囲のコツ	128
13	管理・設定画面専用のレイアウトを用意する	136

Column Auto Layout を活用
実装に沿った Figma データ制作 ……… 138

CHAPTER 6 ▶ パーツを改善するヒント 139

| 01 | PC アプリのナビゲーション | 140 |

02	モバイルアプリのナビゲーション	142
03	ヘッダー	144
04	ページヘッダー	146
05	パンくずリスト	148
06	見出し	150
07	ボタン	152
08	テキストリンク	156
09	ドロップダウンメニュー	158
10	インプット	160
11	セレクトボックス	162
12	コンボボックス	163
13	マルチセレクトボックス	164
14	デートピッカー	165
15	カウンターとスライダー	166
16	テキストエリア	167
17	プレースホルダーの使い方	168
18	チェックボックスとラジオボタン	170
19	トグルボタンとスイッチ	172
20	タブ	174
21	定義リスト	176
22	リストとカード	178
23	テーブル	180
24	ページャーと件数カウンター	182
25	ステータスラベルとチップ	184
26	バッジ	186
27	ツールチップ	188
28	モーダルダイアログ	190
29	メッセージアラート	194
30	トースト	195
31	アコーディオン	196
32	ステッパー	197
33	ローディング	198
34	バナーと提案カード	200
35	エラー画面	201

Column Storybookを使った実装パーツの整理 ………… 202

CHAPTER

1

UIデザインの
基礎知識

Webサイトやスマートフォンアプリなどを作成する
ときには、どんなことを考慮して、何から始めたらよ
いでしょうか？そもそもUIデザインとはどんなもの
でしょうか？
Webサイトやアプリ制作では、さまざまなことを考
える必要があります。本章では、UIデザインの基礎
や基本的な制作工程を理解し、目的を持って迷わず
プロジェクトを進めていくために必要な基礎知識を説
明します。

CHAPTER 1
UIデザインの
基礎知識

ユーザー視点で考える

01 UIデザインの考え方

どんなユーザーがどんな行動をするかを考えて、体験を作ることが大切。ユーザー視点で考えることが最適なUIデザインのための大原則です。

01 悪いUIでは、良いUX（体験）は生み出せない

UIは「User Interface（ユーザーインターフェース）」の略です。「Interface」とは「接点・接触部分」などを意味します。つまりユーザーがWebサイトやアプリと触れる部分、レイアウトや文字のフォント、ボタンの操作性など、画面上でユーザーが目にするものすべてがUIに当たります。

UXは「User Experience（ユーザーエクスペリエンス）」の略で、「Experience」は「体験」を意味しています。「ユーザーが製品やサービス全体から得ることができる体験」がUXに当たります。例えば、ユーザーがアプリで旅行の予約をして、「簡単な操作で旅行の予約ができてよかった。現地のホテルでのやりとりもアプリのおかげでスムーズだった。また使おう」というような感想を持っていれば、UXの評価が高いということになります。

良いUIが良いUXになるとは限りませんが、悪いUIでは良いUXは絶対に作り出せません。良いUXを提供するという目的を忘れずに、最適なUIデザインを考えましょう。

UI
ユーザーインターフェース

Webサイトやアプリと
ユーザーの接点

- 画面の導線がわかりやすいナビゲーション
- ホテルの比較検討がしやすいホテル情報画面
- 予約後の問い合わせがしやすいフォーム画面

UX
ユーザーエクスペリエンス

製品やサービス全体から
得ることができる体験

- 簡単な操作で旅行の予約ができた
- 現地のホテルとのやりとりがスムーズだった

02 デザインは問題解決

デザインを考えるとき、多くの方が思い浮かべるのは「見た目を変える」という意味のデザイン改修です。しかし、「見た目を変える」というのはあくまでアプローチのひとつであって、本来の「デザイン」の意味とは異なります。

デザインは「問題解決」です。利用するユーザーの視点に立って、困っていることがないか、使いにくいところがないかを見つけ出し、解決していくことがデザインといえます。

デザインとアートの違い

デザインを学ぶとき、デザインは「問題解決」、アートは「自己表現」だと、よく言われています。

デザインは「なぜそうなったのか」を説明することができます。例えばケトルのプロダクトデザインを例に挙げると、「持ちやすいように取っ手の角度が傾いている」「温めやすいように底の面積を広く設計している」というように、形に対して納得感のある理由を説明することができます。

アートも「乾いた空気の流れを表現するために点描を用いた」「怒りの心情を表現するために赤を用いた」など、説明することはできますが、捉え方は人によって変わる部分が多く、作者の主観が強く現れています。

UIデザインを作る場合も、「なぜそうなったのか」デザインの説明ができる必要があります。例えば、「申し込みを迷わずできるようにボタンを大きく配置した」「一覧画面で識別しやすいようにサムネイル画像を置くようにした」など、画面上のあらゆるパーツは適当に置くのではなく、明確な理由を持って設計していく必要があります。

03 ユーザー視点を意識する

わかりやすいUIは「ユーザー視点で考えたUI」といえます。サービスはそれを利用するユーザーあってのもので、利用する人の視点に立って考えることが必要不可欠です。ユーザーが何を考え・何を目的に行動するのか理解し、共感してデザインを作っていく必要があります。そのためにはユーザーの調査を行い、ユーザーの特性を整理したり、そのアプリの目的やゴールを明確にしたりする必要があります。

メインターゲット　20-40代女性

日々の料理を迷わず、すぐに決めたい

ユーザー視点が不足

- 先進的な印象の見た目で、ターゲットユーザーの好みとずれがある可能性
- 機能性のないメインビジュアル
- 作って投稿することがメインのように見え、検索しにくい印象

ユーザー視点を考えたデザイン

- レシピを探す手段がさまざまあり、写真も大きく、探しやすそうな印象
- 幅広いユーザーが受け入れやすそうな優しい見た目

04 情報を整理し、わかりやすく伝える

情報を整理し、わかりやすく伝えることがUIデザインで一番重要なことです。同じようなビジュアルのアプリでも、画面に出る情報の並びやレイアウト、ボタンを押したときの導線によって、わかりやすさは大きく変わってきます。

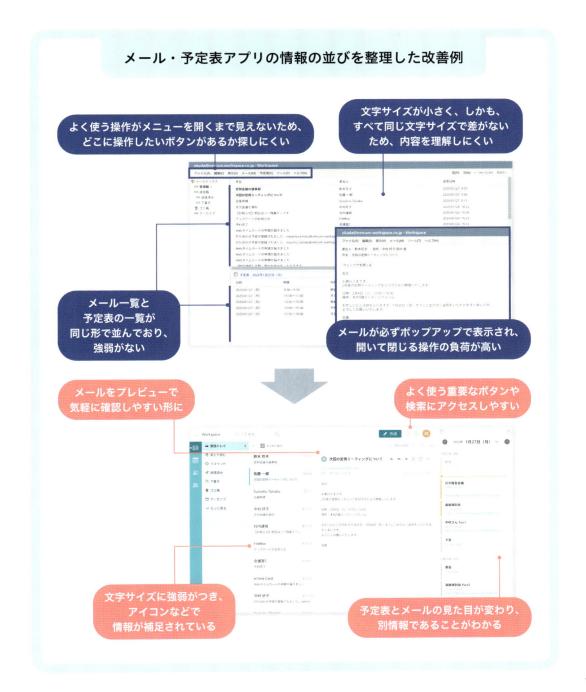

CHAPTER 1
UIデザインの基礎知識

02

よく見かけるUIは、良いUIといえる

ベストなUIの形状は90%決まっている

同じ分野のサービスであれば、デザインは似てきます。機能を追求すると、ベストなUI形状は定まっていきます。独自性は残りの10%で打ち出していきます。

01 見た目と機能は表裏一体

　ここまでの話で、「見た目は重要じゃない」と思われるかもしれませんが、UIにとって「見た目の良さ」は非常に重要です。機能を追求していくと、見た目は自然と定まってきます。例えば、スマートフォンのカレンダーのアプリがあったとして、「同じ日の複数の予定は別の色のほうが見やすい」「色味は白い文字が乗っても見やすい色の濃さにする」「複数の色を扱うので、アプリ自体の背景色は白にする」など、色を決めるだけでも機能によって最適な見た目が決まっていきます。見た目はアプリそのものの印象も左右し、ユーザーに信頼感や期待感を持たせたり、サービスのイメージをふくらませたりすることもできます。機能的に最適なUIを追求していくことで、結果的に見た目も良くなることにつながっていきます。

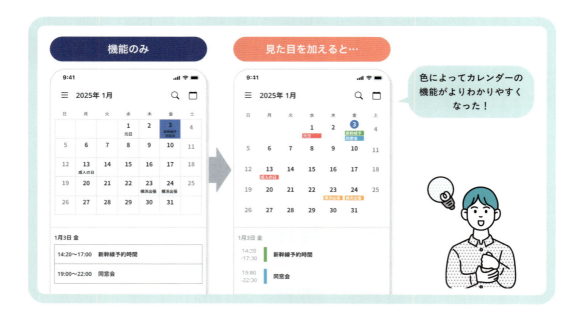

02 よく見かけるUIは良いUIであることが多い

料理アプリやクーポンアプリなど、別の会社が運用するサービスであっても、似たような画面レイアウトや使い勝手であることが多いです。単純に後発の会社が真似ている、という可能性はありますが、それはユーザーにとって使い勝手の良いベストな形であるからという可能性も大いにあります。どのサービスも「使い勝手の良いベストな形」を目指すと、自然と近いデザインに収束していきます。

クーポンアプリの多くは、開いてすぐにバーコードが表示されます。この形を採用せずに、例えば、広告を出してしまうアプリは、他社と比較して使いにくいと思われてしまい、ユーザーも不満に感じます。

差別化のためにオリジナリティを出すことも大事ですが、まずは「最低限必要なベストな形」を目指し、そこから独自性を考えていく必要があります。

クーポンアプリTOP画面でよく見かけるUIパーツの例

- 開いてすぐ、バーコードが先頭にある
- 残高やポイントがわかりやすく大きい文字で掲載されている
- キャンペーン情報などは控えめに画面下のほうにある
- ボトムナビゲーションに「支払い」メニューが目立つように置かれ、アクセスしやすい

CHAPTER 1
UIデザインの基礎知識

03

効果的なアプリ作りのための準備

UIデザインの準備工程

UI・アプリのデザインをするに当たって、何も準備せずいきなりデザインしてはいけません。アプリの目的や利用者を把握することが重要です。事前準備に何が必要か簡単に工程を紹介します。

01 事前準備の工程

　アプリの制作において、下図の工程を経て初めてデザインに取り掛かることができます。

　まず、要件確認でプロジェクトの目的や必要な機能を明確にし、ヒアリングでクライアントの希望を詳しく聞き出します。次に、ユーザー調査を通じてターゲットユーザーのニーズを把握し、コンセプトを策定してデザイン全体のテーマやスタイルを決めます。

　その後、具体的なゴールを設定し、プロジェクトの成功を測る指標を定めます。ターゲットをより具体化するために、ペルソナ作成で典型的なユーザー像を描き、カスタマージャーニーマップを作成してユーザーがサイトをどのように利用するかを視覚化します。さらに、サイトに掲載する情報を検討するコンテンツ検討を行い、最後にワイヤーフレームでレイアウトや要素配置を設計します。

　特に、要件確認やヒアリング、ユーザー調査は重要で、ここでクライアントや利害関係者の要望やアプリの目的をあまり理解しないまま進めてしまうと、後ろの工程で苦労します。

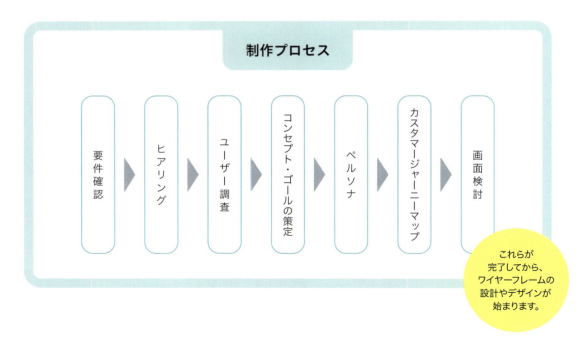

制作プロセス

要件確認 → ヒアリング → ユーザー調査 → コンセプト・ゴールの策定 → ペルソナ → カスタマージャーニーマップ → 画面検討

これらが完了してから、ワイヤーフレームの設計やデザインが始まります。

02 ヒアリング

ここでは、ヒアリングについてクローズアップしてお話をします。

アプリの制作を、ヒアリングを行わずに進めることはありません。クライアントやユーザーが何を求めているか、課題は何かを明確にしないまま進むと、期待したとおりのデザインにはなりません。

とはいえ、いきなりヒアリングですべての情報を得るのは初心者には難易度が高いと思います。まずは、「5W1H」を意識して実施すると始めやすく、情報整理も行いやすいです。

加えて競合他社の調査や必要な機能など、案件に応じて確認するようにしましょう。

ヒアリングで重要な5W1H

	内容	具体例
いつ When	ユーザーがそのWeb画面やアプリを使うタイミングを明確にする	・朝の通勤時間、昼休み、夕方の退勤後 ・雨の日、晴れの日など天候による違い ・忙しいとき（スキマ時間）や、ゆっくりしているとき　など
どこで Where	利用する場所やデバイスを特定し、環境に影響する要因を整理する	・屋外、カフェ、自宅、オフィス ・端末（デスクトップ、モバイル、タブレット、POS端末など）　など
誰に対して Who	ターゲットユーザーの特徴や背景を整理する	・年齢層、性別、職業 ・技術スキルやリテラシーのレベル（例：初心者〜上級者）　など
何を目的、課題として What	ユーザーが達成したい目的や解決すべき課題を深掘りする	・ストレスなく情報を探したい ・作業効率を上げたい ・入力を簡単にしたい　など
なんのために Why	ユーザーがその目的を達成する背景や意図を把握する	・作業時間を短縮したい ・初めてでも使いやすくしたい ・入力ミスを減らしたい　など
どのように解決するか How	解決策の方向性を議論し、技術的な実現性や制約も考慮する	・スマートなフィルタリング機能 ・直感的なナビゲーションを導入する ・プッシュ通知を活用して重要情報を即時伝達する　など

上図は、ほんの一例です。Webサイトやアプリを制作するうえでは他にも

- 競合他社や競合サービスは？
- 企業や製品などのブランドイメージは？
- アプリに必須の機能は？
- Webサイトの制作予算は？

など事前に確認しておくことが多くあります。
ヒアリングするべきことは事前に表やメモにまとめておきましょう。

> ヒアリングした内容をまとめたら、クライアントと一緒に確認して認識齟齬がないようにするのを忘れずに！

03 ユーザー調査

　ヒアリングで「誰が（ターゲットユーザー）」について明らかになりました。次はもう少しターゲットユーザーについて深掘りするためにユーザー調査を実施します。

　デザインや機能を最適化するために、ターゲットユーザーの潜在的な情報を集めて分析していきます。これにより、ユーザーのニーズや行動パターン、使い方の傾向を正確に把握し、より使いやすいデザインを制作することが可能になります。調査方法には「アンケート調査・インタビュー調査」などでユーザーの声を集める方法や、実際にプロトタイプを触ってもらった感想をまとめる「ユーザビリティテスト」などがあります。

ユーザー調査実施のプロセス

ヒアリングで目的の明確化	調査のゴールや解決すべき課題をはっきりさせる
アンケート調査	広範囲のユーザーから全体的な傾向を把握し、具体的な問題点や気になるポイントを洗い出す
インタビュー調査	深掘りが必要な項目について直接ユーザーから詳しい意見を聞き、行動や感情の背景を把握する
ユーザービリティテスト	プロトタイプで実際の操作感や使いやすさを検証する
データ分析	アクセスログやユーザー行動データを収集・分析し具体的な改善点を見つける

一度実施して終わりではなく、調査・改善を繰り返すことでユーザー体験を継続して向上できる！

ユーザー調査で得られるメリット

❶ ユーザー視点に基づいたデザインができる
実際のユーザーの行動やニーズを理解することで、より使いやすいインターフェースや機能を設計できます。

❷ 問題点や改善点を早期に発見できる
ユーザビリティテストやインタビューから、操作性に関する問題点を早期に見つけ、改善するチャンスを得られます。

❸ ターゲットに合ったコンテンツが提供できる
調査によって、ユーザーが本当に求めている情報や機能を把握できるため、無駄を省いたコンテンツ制作が可能です。

❹ 仮説に基づいたデザインの検証ができる
デザインの仮説（例えば、「カテゴリ分けを再構成すれば、商品が見つかりやすくなる」というような考え方）をユーザー調査で実際に検証でき、仮説の正確さを確認できます。

04 コンセプト・ゴールの策定

開発では「コンセプト・ゴール」を決めて、チームのメンバーや関係者全員で認識を合わせる必要があります。ターゲットにどんなふうにアプリを使ってほしいかを考え、何を達成すれば「成功」とするのかを決定します。ひとつの例ですが、イベント検索のアプリのコンセプト・ゴールはこのような案を考えることができそうです。

イベント情報アプリの例

コンセプト
「イベントの検索と申し込みが簡単にでき、参加者の満足度を高めるアプリ」

ゴール
イベントを見つけやすくし、参加予約をスムーズにすることで、アプリ経由の申し込み数を増やし、リピーターを獲得する

05 ペルソナ

ペルソナはターゲットユーザーをさらに深掘りするために作成します。具体的な人の名前、職業、年齢、趣味、住んでいる場所、家族の情報やよく使うアプリなど、具体的な項目を想定してみることで、ユーザー像を具体化する手法です。

佐藤みさき

年齢：28歳　　　　　家族：一人暮らし
職業：総合商社　　　恋人：いない
趣味：登山、自転車　休日よく遊ぶ友人：会社の同期
住宅：1DKマンション　よく使うアプリ：SNS
住所：東京都杉並区　ネット利用時間：1日4時間以上

06 カスタマージャーニーマップ

カスタマージャーニーマップは、ペルソナが日常生活の中のどこでアプリに触れ、検討し、利用していくか、さまざまなタッチポイントについて可視化して整理した図のことです。ペルソナの行動・接点・思考・課題などを整理して表形式でまとめます。

	認知	情報収集	来場	利用	展開
行動	SNSでイベント情報を見かける	SNSで検索 雑誌を見る	イベントの場所を確認 会場への移動	入場にアプリを使う ポイントを利用する	SNSで友人に伝える
接点	SNS	SNS 広告	移動の交通機関 イベント会場	イベント会場	SNS
思考・課題	写真映えしそう！美味しそう！	どう写真撮ろう？参加費すこし高いかも？	イベント会場が遠くて移動が大変だった	スタッフさんの応対が雑だった	ポイントでお得にイベントを楽しめた！

07 コンテンツ検討

ここまでの調査、準備をまとめて、実際にアプリの中身にどのようなコンテンツが必要なのか検討を行います。コンテンツはこの後ワイヤーフレームの中に配置していき、実際のレイアウトや導線を考え、画面検討を進めていくことになります。

CHAPTER 1　UIデザインの基礎知識

デザイン開始〜実装までの工程を理解

04 UIデザインの制作工程

前段階で準備が完了したら、UIデザインの制作に入っていきます。UIデザインはワイヤーフレームやプロトタイプ制作などの工程を経て、検討を繰り返しながら、徐々に完成形を目指していきます。

01 画面検討〜デザイン制作の工程

　事前準備を経て、ようやくUIデザインの制作工程です。下記の6つのステップは、UIデザインを進めるうえで欠かせない重要な工程です。前工程で整理したコンセプトやゴール、ユーザー像に基づいて、コンテンツ検討、ワイヤーフレームによる画面構成の作成、プロトタイプでの検証、ビジュアルデザイン制作と、各段階でクライアントや関係者と検討を何度も重ねます。各ステップで担当するメンバーも異なり、それぞれのスキルを生かしつつ、チームでアプリの完成を目指していきます。

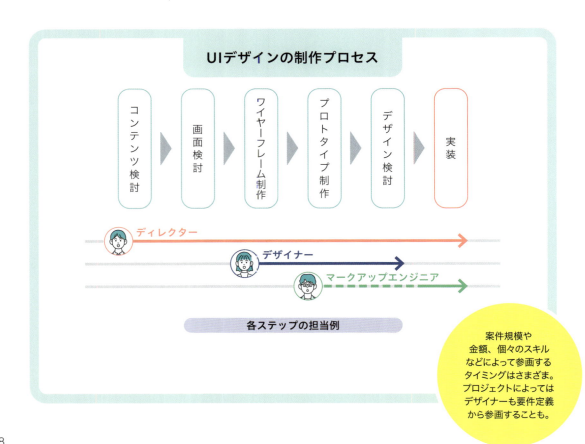

UIデザインの制作プロセス

コンテンツ検討 → 画面検討 → ワイヤーフレーム制作 → プロトタイプ制作 → デザイン検討 → 実装

ディレクター
デザイナー
マークアップエンジニア

各ステップの担当例

案件規模や金額、個々のスキルなどによって参画するタイミングはさまざま。プロジェクトによってはデザイナーも要件定義から参画することも。

02 コンテンツ検討

コンテンツ検討は、アプリケーションに「何を表示し、ユーザーにどのような情報や機能を提供するか」を具体的に決定するステップです。この段階では、プロジェクトの目的やターゲットユーザーのニーズを深く理解し、それに基づいて必要なコンテンツや機能をリストアップします。必要なコンテンツが見えてきたら、情報構造を整理していきます。

▶ **ユーザーの目線で考える**

準備段階でペルソナやカスタマージャーニーマップを作成しています。それに沿って、ユーザーがアプリを使ってどういう行動を取るか、どういう体験をしてほしいかを考え、必要なコンテンツをリストアップします。

▶ **コンテンツの優先順位を明確にする**

目的に沿って、どの情報や機能が最も重要で、どの順序で提供するのが効果的かを判断します。機能として必須のものもあれば、あくまで付加価値として必要な機能もあり、情報の見せ方の強弱をこの時点で考えておきます。

コンテンツ検討の例

準備プロセスで考えたユーザー像とタッチポイントを使って考える

佐藤みさき

	認知	情報収集	来場	利用	展開
行動	SNSでイベント情報を見かける	SNSで検索 雑誌を見る	イベントの場所を確認 会場への移動	入場にアプリを使うポイントを利用する	SNSで友人に伝える
接点	SNS	SNS 広告	移動の交通機関 イベント会場	イベント会場	SNS
思考・課題	写真映えしそう！美味しそう！	どう写真撮ろう？参加費すこし高いかも？	イベント会場が遠くて移動が大変だった	スタッフさんの応対が雑だった	ポイントでお得にイベントを楽しめた！

アプリ内に必要そうなコンテンツを列挙し、優先度も整理する

必須
イベントの情報
イベントの詳細な情報や開催場所・アクセス方法の確認をしやすくする

必須
検索機能
アプリ内で簡単に検索できるようにし、目的のイベント情報にたどり着きやすくする

必須
入場
アプリから申し込むことでスムーズに会場で入場ができるようにする

必須
ログイン機能
入場を個人ユーザー単位で管理できるように、アカウントの機能が必要

付加要素
ポイント機能
お得に申し込みができ、リピーターを増やすために必要

付加要素
共有ボタン・SNS連携
友人や他ユーザーへの展開に期待して、さらなるユーザー獲得につなげる

03 画面検討、ワイヤーフレーム制作

画面検討では、どのようにコンテンツを画面上に配置するか、全体のレイアウトをワイヤーフレームを用いて検討します。ワイヤーフレームは、画面の骨組みをシンプルに描いた設計図のようなもので、ボタン、テキスト、画像などの各要素がどこに配置されるかを示します。デザインの細かい部分や色は含まず、構造と機能に集中します。

ワイヤーフレームで確認すること
・情報の優先順　・レイアウト　・文言　・画面の導線　・画面内の機能の挙動

ワイヤーフレームによる情報整理

イベント情報検索アプリの例

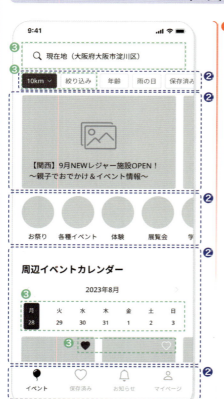

❶ ページ全体を俯瞰して、各要素がどこに配置されるべきかを整理
ヘッダー、メインコンテンツ、サイドバー、フッターなど、主要なエリアを明確に分け、全体の構造が把握できるようにします。

❷ コンテンツの配置を、それぞれの役割に沿って整理
例えば
- 最初に検索や、欲しい情報を絞り込めるようタブを配置
- メインコンテンツエリアは、イチオシや新着イベントなど最も注目する情報を大きなビジュアルとともに配置
- よく使う画面はいつでも画面遷移できるようにメニューとして下部にまとめる

❸ ボタンなど各パーツがどのようにユーザー体験を補助するかを整理
例えば
- ボタンや入力欄は適切なサイズと配置か
- 日付の切り替えが簡単にできるか
- お気に入りが簡単にできるか

ワイヤーフレームの段階で修正を重ねることで、デザインに入ってからの変更を最小限に抑えられる。ラフな状態だからこそ調整がしやすく、結果的に手戻りを減らせる。

04 プロトタイプ制作

プロトタイプ制作は、ワイヤーフレーム（もしくはデザイン）をもとに、ユーザーが操作できる形を構築する段階です。実装に入る前に、画面遷移やインタラクションをテストできます。例えば、ボタンを押したときの反応やスクロールの操作、画面遷移が意図したとおりに動作するかを確認します。

簡単なインタラクションやアニメーションを加えることもでき、デザインの動きや使用感を具体的に試すことができます。プロトタイプによって早い段階でクライアントやチームメンバーからのフィードバックを集めることができ、UIの完成度を高めていくことができます。

プロトタイプで確認すること
・全体的な使用感　・スクロール範囲　・メニューの表示などのインタラクション
・画面遷移に違和感がないか　・無駄な動作やわかりにくい部分がないか

プロトタイプで確認するポイント

イベント検索アプリTOP画面の例

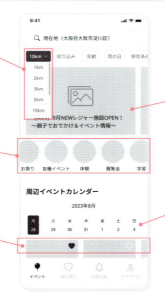

絞り込みのプルダウン
- 開きやすいか
- 開いた後にスクロールが必要か

横スクロールの動き
- 指で操作しやすいか
- 他のスクロールと干渉して操作しにくいことはないか
- 横に何個くらい並べるべきか

ハートアイコンのON/OFF
- アイコンは押しやすい大きさか
- 押したときにお気に入り登録された感があるか
- なければ追加完了のトーストを付け足すべきか

画面遷移
- タップして他の画面に移動したときに違和感はないか
- 戻り導線はわかりやすいか

日付の切り替え
- 今日の日付や、選択した日付がわかりやすいか
- スクロールで表示するべきか、矢印ボタンなどでスライダー表示させるべきか

プロトタイプ制作はFigmaなどの
UIデザインツールで
直感的に作ることができます。

05 デザイン検討

デザインカンプを決定するフェーズです。ここでは、色、フォント、画像、アイコンなど、見た目に関する要素を具体化します。

見た目を整えるだけでなく、ユーザー体験全体を考慮して、ワイヤーフレームから画面構成もブラッシュアップしていきます。

▶ ビジュアルデザインの方向性を決定

サイトやアプリのブランドイメージを踏まえた色やフォントの選定を行います。例えば、信頼性を重視する場合は落ち着いた色味、カジュアルなサービスなら明るく親しみやすいデザインが適しているかもしれません。

▶ UIパーツの詳細なデザイン

ボタン、フォーム、アイコン、メニューなどの細部を作り込みます。ユーザーが理解しやすい画面になるように、リアルなサイズ感を再現し、オンマウス時、非活性時などの状態までこの段階で作り込みます。

デザインで確認すること
・ビジュアルデザインの方向性　・視認性、文字のコントラスト
・ボタンや入力フォームなどのサイズ感　・余白の取り方
・アイコン、イラスト、写真などのビジュアル要素

デザインカンプによる具体化

デザインカンプ

ワイヤーフレーム

ワイヤーフレームで省いていた要素をデザインカンプで反映します。

- 色
- 画像（写真、イラストなど）
- 各パーツの形状（円形、矩形、角丸など）
- アイコン
- フォント
- 実際のテキスト挿入
- インタラクション（hover、disabledなど）
- ロゴ

など

> デザイン後にもプロトタイプで動きを確認し、使いやすさに加えて、視認性やブランドイメージとのずれなどがないかも確認。

06 実装

最終的なデザインを実際にコードに変換し、Webサイトやアプリが動作する形にするフェーズです。ここで、開発者がデザインを忠実に再現し、ユーザーがさまざまなデバイスで使えるように最適化します。

▶ **フロントエンド開発**

Webアプリであれば、HTML、CSS、JavaScriptを用いてデザインを実際にブラウザ上で表示される形にします。近年ではReactなどのSPA（シングルページアプリケーション）での実装が主流となっており、提供する方法によって、プログラミング言語や必要な環境は変わります。

▶ **さまざまなデバイスや動作環境**

モバイル、タブレット、デスクトップなど、デバイスやアプリが提供される環境に合わせて実装方法は異なります。異なる幅のデバイスを同一ソースコードで実装するレスポンシブデザインなどの対応が必要となる場合もあり、動作環境ごとに考慮が必要です。

▶ **動的な要素**

ボタンのクリックやスクロールなどがデザイナーの意図した挙動になっているかを確認します。アニメーションの動きなどはこのタイミングでデザイナーと相談しつつ最適化していきます。

▶ **バグ修正、デザイナーチェック**

実装後、デザインや機能に不具合がないかを確認し、テストを行います。バグやレイアウトの崩れがあれば修正を行い、デザインと機能の一貫性が保たれるよう最終調整をします。一見良さそうに見えても、デザイナーの意図していた形から外れている場合があるため、デザイナーのチェックは必ず行うようにします。

スマートフォン　　　デスクトップ、タブレット

要件やデバイスに応じた実装が必要です。

- スマートフォン向け専用アプリ
- プログレッシブウェブアプリ
- レスポンシブデザイン
- リキッドレイアウト

など

データを入れる前にHTMLモックアップを作成して、操作感を確認する場合もあり。プロジェクトによって実装の進め方はさまざま。

>> Column　対話型AIを使った要件定義

　この章では要件定義の重要さをお伝えしましたが、まず何から考え始めればよいのか悩んだり、時間がかかってしまうことも少なくありません。そんなときに役立つのが、ChatGPTやGeminiをはじめとした対話型AIの活用です。

　AIを使えば、要件定義の効率を大幅に向上させることができます。ただし、AIが提示する情報はあくまで補助的なものです。すべてを鵜呑みにせず、自分自身でチェックし、目的や意図に合うかを判断しながら活用することが大切です。

☑ 活用例1
AIにヒアリング項目を考えてもらう

　ヒアリングに慣れていないと適切な質問を選ぶのは難しく、また聞き漏らしがあると手戻りの原因になります。AIを活用すれば、プロジェクトの目的や過去の事例をもとに適切な質問をリストアップできます。また、業界やターゲットに応じたカスタマイズも可能で、抜け漏れを防ぐチェックリストの作成にも役立ちます。

```
1. プロジェクトの目的とゴール
・このプロジェクトの目的は何か？
・どのような課題を解決したいのか？
・成功の指標（KPI）は何か？

2. ターゲットユーザー
・どのようなユーザーを想定しているか？（年齢、職業、興味関心など）
・既存ユーザーと新規ユーザーの割合は？
・ユーザーの主な利用シナリオは？

3. 機能要件
・必須機能と優先度の高い機能は何か？
・どのデバイス（PC/スマホ/タブレット）に対応するのか？
・他のシステムやサービスとの連携は必要か？

4. デザインとブランディング
・既存のデザインガイドラインはあるか？
・ユーザーに与えたい印象やブランドイメージは？
・競合や参考にしたいサービスはあるか？
```

☑ 活用例2
AIにペルソナの作成をお願いする

　ペルソナの作成にはユーザーの行動やニーズの把握が欠かせませんが、データ収集や分析には時間がかかります。AIを活用すれば、ヒアリング結果や市場データ、ユーザーの傾向などをもとに特徴を自動生成し、短時間で精度の高いペルソナを作成できます。さらに、複数のパターンを提案させることで、多角的な検討も可能です。

CHAPTER

2

グランド
デザインを
作る

アプリのUI、デザインを作成する最初の段階で全体
的なビジュアルの方向性を考える工程を「グランドデ
ザイン」と言い、これはサービスの印象を決定する大
事な工程です。この章では、グランドデザインを作成
する際にビジュアルの方向性を決める参考となるサン
プル画面を紹介しながら解説していきます。

CHAPTER 2
グランドデザインを作る

01

デザインの方向性はここで決まる

グランドデザインの作り方

画面ごとのデザインを進めていく前に、アプリケーションの全体的なビジュアルの方向性を考えます。サービスの印象を決定づける大切な工程のため、十分に検討する必要があります。

01 最初にデザインコンセプトを決め、次にビジュアル全体の方向性を決める

いきなり画面を作り始めてしまうと、方向性がバラバラで統一感のないデザインになってしまいます。そのため、「グランドデザイン作成」を行いビジュアルの方向性をある程度定めていきます。最初に「デザインコンセプト」を定め、デザイン全体の指針とします。例えば、「家族みんなで使える優しい雰囲気の料理アプリ」「テンポの良い動画で情報をキャッチしやすく、料理が楽しくなるアプリ」といったコンセプトを定め、チームやクライアントと合意をとって進めます。コンセプトをもとに、アプリの代表的な画面を選定し、ビジュアルデザインを作成していきます。

02 参考となる他サービスを調査し、ムードボードを作成する

最初はインプットを増やすため、他社サービスの調査を行います。競合調査で得られた結果をもとに、ビジュアルの差異化を図るのか、類似性を持たせるべきかなどの戦略が検討できます。実際にビジュアルの方向性を決めたい場合は、ムードボードを作成します。ムードボードは画像や色、フォントなどを並べ、大まかな印象を確認するものです。

実際にデザインを作りこむことなく早く作成してイメージをつかむことができます。簡単に複数案を試せるので、デザインの方針決定に大いに役立ちます。

03 代表的な画面を2〜3画面作る

ムードボードで大まかな方向性が決まったら、デザインを作成します。このとき、代表的な画面を2〜3画面作成するようにします。TOP画面と、ユーザーがアクセスする代表的な画面、量産されるパーツが多くある画面などを選ぶと、後工程のデザインを進めやすくなります。

グランドデザインは、サービス担当者やクライアントの確認を取って進めます。全体の方向性を決める重要な作業になるため、できれば2案以上は作成して、方針を考えやすくしておくことをお勧めします。

ここで決まった方針が今後のデザイン工程においての軸となります。サービス担当者やクライアントからのフィードバックをしっかりと受け、複数回の修正稿を作成し、十分なコミュニケーションをとってグランドデザインを確定させてください。

グランドデザインA案

グランドデザインB案

グランドデザインのアイデア①

シンプルな信頼感のあるUI

対象ユーザーの範囲が広い場合はシンプルなビジュアルになるようにしましょう。情報が整理され、ユーザーが迷わず操作できることが、安心感と信頼感につながります。

対象ユーザーが幅広い場合、シンプルなビジュアルが求められる

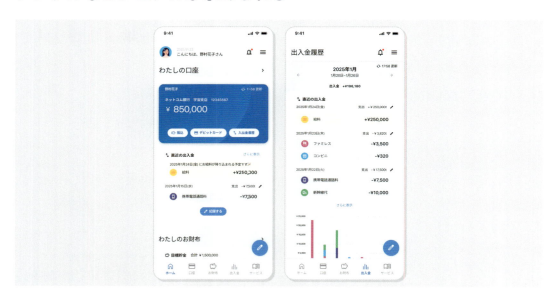

　広い年齢層、性別、特性の人に使ってもらうことを想定したアプリでは、シンプルなUIが求められます。基本は白と黒をベースに、色はあまり多用せず、1〜2色でまとめます。ボタンやリンクには、信頼感を感じさせる青色を用いるアプリが比較的多いです。

色

白、黒、グレー、（青）、
アクセントにロゴなどの色を利用する

アプリの例

メモアプリ　ニュースアプリ
スケジュールアプリ　SNS
日常的に使う　業務用アプリ

色数は少なくまとめる

　色は白黒グレーをベースに、一部ロゴなどの色と合わせたアクセントカラーを入れる程度にします。文字や画像を見やすく、すっきりとした印象となるようにします。

四角いパーツ、グリッドレイアウトを用いて安定感を出す

　グリッドを用いたレイアウトにすることで、整列され、見やすい印象にできます。四角いパーツを用いて、操作できる領域をわかりやすく表現します。

わかりやすいアイコンを用いる

　アイコンはシンプルなアプリの中で目を引き、文字だけの情報よりもわかりやすく画面を彩ることができます。普遍的に理解しやすいモチーフを用いることがポイントです。

グランドデザインのアイデア②

03 未来的、先進的なUI

世の中にとって新しい体験となるサービスや、先進的な技術を活用したサービスでは、それを印象付けられるよう、デザインの表現も工夫しましょう。

新しい体験を提供する未来的なアプリや、デジタル特有の先進的なアプリのビジュアル

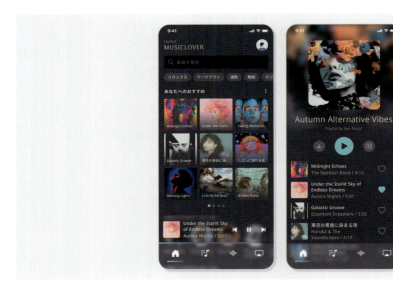

透明感のあるパーツやグラデーションの組み合わせによって、テクノロジーで作り出されたような先進的な印象のアプリケーションにする ことができます。近年ではすりガラスのようなグラスモーフィズムなどの表現で、奥行きのある洗練された印象を生み出しています。

色
透明色、グラデーション、ビビッドな色

アプリの例
- 音楽再生アプリ
- AIチャットアプリ
- ロボット、家電などとの連携アプリ
- 先進的なサービス

グラデーション、透明感のあるパーツを用いる

　グラデーションは先進的な印象を強く与えます。ぼかしや半透明のパーツを重ねて利用することで、透明感のある、近未来的な印象を作り出すことができます。

細身の丸ゴシックを用いる

　細身の文字はシンプルで洗練された、透き通った印象を与えます。

　無駄な装飾を省いたシンプルな形状であり、スタートアップ企業のWebサイトやアプリでも多く採用されています。

丸みのあるパーツ、大きな余白を用いる

　SF映画やコンセプトデザインなど、未来を描写する作品において、滑らかな曲線や有機的な形状が頻繁に用いられます。

　丸みのあるパーツや余白は、これらの未来的なビジュアルを想起させます。

CHAPTER 2
グランドデザインを作る

グランドデザインのアイデア③

04 親しみやすい、かわいいUI

ユーザーに親しみやすい雰囲気を与えたいサービスでは、カジュアルでリラックスできるビジュアルが効果的です。

視覚的な親しみやすさや楽しさに加えて、ユーザーに安心感を与えリラックスさせるビジュアル

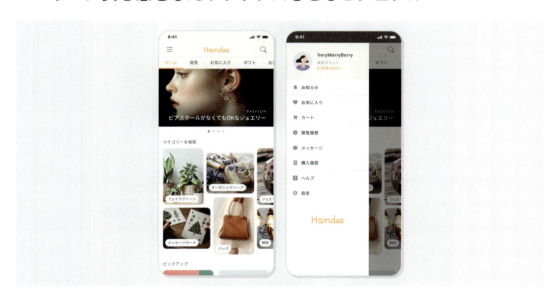

　パステルカラーや丸みのあるボタンとアイコン、カジュアルなフォントやイラスト、アニメーションなどで親しみやすさや楽しさを表現します。アプリ自体は実用的でありながらも、ビジュアルで安心感とリラックス感を与え、快適な操作体験を作ることができます。

色
白、ベージュ、グレー、パステルカラー、カラフルな配色、オレンジなどの暖色

アプリの例
家計簿アプリ　料理レシピアプリ
メッセージアプリ　雑貨ECサイト
教育関係　子ども向け

カラフルな配色を用いる

　カラフルな配色によって楽しさや喜びなど、ポジティブな感情を表現できます。

　色分けによって情報を整理することで、要素を視覚的に区別しやすくできます。

イラストを活用する

　画面の中でイラストは特にユーザーの目を惹きつけます。特に、温かみのあるイラストはユーザーに安心感や親近感を抱かせます。

　また、アプリの個性を引き立て、独自性を高めることができます。

手書き風の文字や、かわいいロゴ

　アプリはもともと無機質な印象が強いものです。そこに手書き風の文字やかわいいロゴを取り入れることで、人間味あふれる温かみ、親しみを加えることができます。

CHAPTER 2
グランドデザインを作る

グランドデザインのアイデア④

05 スタイリッシュなUI

プロフェッショナルで洗練されたサービスの印象を与えるデザインです。ユーザーに特別感を提供できます。

洗練されたデザイン表現で、クールで都会的な印象や、上質なブランドイメージを作り出す

モノトーンの色違いや幾何学模様、シャープなタイポグラフィなどを用いて、クールで都会的な雰囲気を作り出します。ユーザーに特別な体験と感じる上品さを表現し、ブランドの価値を高めます。クリエイティブな、専門的なアプリとも親和性の高い表現です。

色
黒、グレー、白、グラデーション、ビビッドなアクセントカラー

アプリの例
スポーツアプリ　ファッション
動画編集などクリエイティブアプリ
高級感のあるサービス

黒を基調としたUI

　黒は高級感を演出できる色であるため、UIでも洗練された上質な印象を出すことができます。

　黒は他の色を引き立てるため、写真や動画などのコンテンツを強調し、鮮やかに見せることができます。

ビジュアルのインパクトで単調さを払拭

　美しい写真や動画、大きなタイポグラフィを用いることで、威厳やブランドの力強さを表現できます。

　インパクトのあるビジュアルは独自性を強め、ブランドイメージを向上させることができます。

初回起動の画面でブランドを押し出す

　ブランドイメージを強調したい場合、スプラッシュ画面やログイン画面といった、最初にユーザーが目にする画面を工夫することが有効です。ロゴを用いたアニメーションなどの演出でユーザーの期待感を高めましょう。

CHAPTER 2
グランドデザインを作る

06

一貫性を保つためのガイドライン作り

デザインシステムを作る

グランドデザインで全体のビジュアルの方針が決まったら、アプリケーションに登場するUIパーツを整理し、デザインシステム（スタイルガイド）を作成していきます。

01 デザインシステム（スタイルガイドライン）を作る

グランドデザインが確定した後、その方針をアプリ全体に適用するために、デザインシステム（スタイルガイド）を作成していきます。特にアプリの場合は同じパーツをコンポーネントとして繰り返し使うことが多く、デザイン量産前にデザインシステムを作成できると、開発を含めた後工程の作業を進めやすくなります。また、複数人で作業するときにデザインの方向性をブレにくくすることができます。

> **TIPS**
> **最初から全部作らなくてもよい**
> デザインシステムの作成には時間がかかります。プロジェクトの規模やスケジュールによっては、最初に一気に作成することが難しい場合もあります。そういった場合は画面量産を進めながら、並行で進めていくような進め方もよいでしょう。

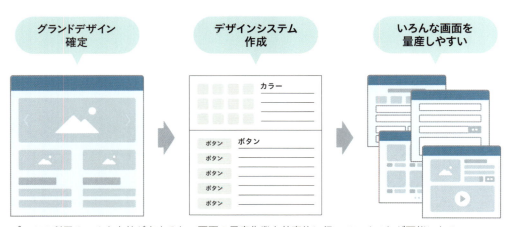

パーツの利用ルールや方針が定まると、画面の量産作業を効率的に行っていくことが可能になる。

02 デザインシステムの例

TIPS

デザインシステムの参考資料

有名なアプリのデザインシステムは、Figmaのコミュニティなどで世の中に広く公開されています。制作時の参考にしましょう。

- LINE： URL https://designsystem.line.me/
- SmartHR： URL https://smarthr.design/
- デジタル庁： URL https://design.digital.go.jp

>> Column デザイナーのコミュニケーションツール

デザインを形にするだけでなく、その意図や内容を関係者に伝えることもデザイナーの重要な役割です。

しかし、Webディレクターやクライアントとのやりとりでは、専門用語の違いや認識のズレが生じやすく、スムーズなコミュニケーションが難しい場面もあります。そこで、効率的なコミュニケーションを実現するために、以下のツールを活用できます。

✅ チャットツールの活用

　社内のWebディレクターや他のデザイナーなどと密に連携するには、SlackやTeamsなどのチャットツールが有効です。リアルタイムで素早く質問や確認ができ、ちょっとした修正依頼もスムーズに対応できます。また、スレッド機能を使えば、過去のやりとりを振り返りやすく、情報の整理もしやすくなります。

✅ Figmaのコメント機能

　Figmaでデザインする場合、チームメンバーやクライアントと確認のやりとりは、Figmaのコメント機能が便利です。デザインに直接コメントを付けられるため、指摘箇所や内容が明確になります。また、コメントをスレッド形式で管理できるため、やりとりの履歴が残り、認識のズレを防げます。的確にフィードバックを受け取りつつ、効率的にデザインをブラッシュアップできる点がメリットです。

CHAPTER

3

ビジュアルを
改善する
ヒント

配色、アイコン、全体の印象を決めるパーツなど、
ビジュアル面でアプリをより良くする手法について解
説します。

印象を決めるパーツ①

01 余白と角丸

01 余白によって変わる印象

　下図のように、余白を用いることで、「高機能なアプリ」に見せるか「簡単そうなアプリ」に見せるかを調整できます。

　例えば、業務用のスケジュールアプリなど、1画面に多くの情報を掲載したい場合は余白を狭くします。

　一方、幅広いユーザー層が使う場合は、簡単な印象になるように余白を広くするほうがよいです。

　アプリによって印象と機能のバランスを考え、余白を決定する必要があります。

余白が狭い画面の特徴
- 高機能で、複雑な印象を与える
- 画面内に要素を多く配置することで、1画面にたくさんの情報を掲載できる

余白が広い画面の特徴
- 全体的に簡単そうな印象を与える
- 多くの情報は掲載できないため、スクロールや画面遷移が多くなる

02 角丸によって変わる印象

余白に加えて、角丸の有無もアプリの印象を大きく変えることができます。

角丸がなく、四角形になるほど、安定した印象になります。丸みを与えることで、優しい印象や、先進的な印象を強めることができます。

角丸は主に、ボタンやカードなどのパーツに用います。

角丸の半径を大きくすると、角の部分に文字を置けない分、余白が自然と生まれます。情報を多く配置したい場合は過度な角丸は採用しないほうがよいでしょう。

角丸なし

16px角丸

TIPS

要素の内側の角丸は少し小さくする

角丸のカードの中にさらに角丸の要素を置く場合、角丸の半径に同じ値を設定してしまうとバランスが悪く見えてしまいます。内側の角丸は余白の値に合わせて少し小さくし、バランス良く見えるように調整しましょう。

外側の角丸と内側の角丸が同じ値だとバランスが悪い

間の余白の分、外側の角丸の値を大きくするとバランスが良い

CHAPTER 3　ビジュアルを改善するヒント

印象を決めるパーツ②

02 ヘッダー、ナビゲーション、ボタン

01 色が特に際立つのはヘッダー、ナビゲーション、ボタン

　コーポレートサイトやLP（ランディングページ）では写真などの画像素材、装飾を使うことで印象を変えることができますが、Webアプリでは基本的にそういった過度な装飾は不要なため、印象を与えることができる要素が限られています。そこで使うのがヘッダー、ナビゲーション、ボタンです。

　ヘッダーとナビゲーションは画面が移動しても必ず表示されている要素となるため、ユーザーの目に常に入り、特にアプリの印象を左右するパーツです。

　ボタンはほぼすべてのページで登場し、かつ画面の中で色が乗る面積が大きいため、ユーザーがアプリのトーン＆マナー、ブランドやテーマの色を認識するために最も活躍するパーツです。

　ここで色がバラバラになるとデザインの統一感が崩れてしまいます。

　下図のように、左側に比べ右側のほうがすっきり整然とした印象を与えています。

ヘッダー、ナビゲーション、ボタンに統一感がない

ヘッダー、ナビゲーション、ボタンに統一感がある

02 ヘッダー、ナビゲーション、ボタンのよくある配色例

　色はメインのカラーを1色決めて、下図のようなパターンで配色するとうまくまとまります。

　基本的にアプリの背景などベースの色は白や黒の無彩色で構成されているため、ヘッダー、ナビゲーション、ボタンで色を用い、印象を整えましょう。

　サイドナビゲーションやヘッダーは、ベースが白色であれば黒を使うこともお勧めです。

　白を使うと全体的にクリーンな印象に、黒を使うと全体的に引き締まった印象にすることができます。

ロゴとボタンのテーマカラーを揃える

ヘッダーとボタンのテーマカラーを揃える

サイドナビゲーションとボタンをテーマカラーに揃える

サイドナビゲーションを黒系で引き締めた場合

TIPS

モバイルアプリの場合も同じ

モバイルアプリの場合も、同じようにヘッダー、ナビゲーション、ボタンが重要となります。

特に下部の固定ナビゲーションはすべてのページで表示されるため重要です。

また、アプリアイコンやアプリを開いたときのスプラッシュ画像などでブランドやテーマ色の印象を強く残すことができます。

CHAPTER 3 ビジュアルを改善するヒント

画面の見え方を大きく左右する

03 | 画面内の配色割合

01 配色の役割を理解する

　配色の役割を理解することは、デザインを効果的に機能させるための第一歩です。それぞれの色には、ユーザーの視覚的な印象や行動に影響を与える役割があります。

　この役割を明確に定めることで、デザイン全体の目的が伝わりやすくなります。主に次のように分けられます。

主要色（プライマリーカラー）
サイトやアプリのトーン＆マナーを決定づける色で、ブランドやテーマを反映します。ロゴやヘッダー、ナビゲーションパーツ、CTA（行動喚起）ボタンに使われることが多いです。時には背景色 にも使用します。基本的に、色数は1～2種類です。

補助色（セカンダリーカラー）
プライマリーカラーを引き立てつつ、情報を整理したり優先順位を明確にする役割を持ちます。副導線ボタンやセクション区切り罫線など、補足的な要素に適用します。

強調色（アクセントカラー）
ユーザーの目を引きつけるために使われます。重要な情報やCTAボタン、通知、エラーメッセージなどに限定して用います。

44

02 配色割合を考える

要素を配置するバランスやサイズ感などで黄金比の話題が上がることがあると思います。配色においても黄金比に基づく配色があり、「70:25:5」の法則に則って構成するとバランスが取れた配色になると言われています。

▶ **70%：ベースカラー（背景や広い面積）**
画面の大部分を占め、白、グレー、黒または淡いパステル調の色がよく使われます。適切に色を確保することで他の色が強調されすぎるのを防ぎます。

▶ **25%：メインカラー（ブランドカラーや主要要素）**
デザイン全体のブランドや印象、テーマを理解するためのガイドです。UIの主要なボタンや重要な見出しなど、ユーザーの目に最初に留まる要素に適用します。

▶ **5%：アクセントカラー（注意喚起や特定の強調）**
非常に少量に抑えることで、最も効果的に機能します。例えば、エラー表示の赤やセール情報の黄色など、緊急性や特別感を伝える場面でも役立ちます。過剰に使用すると逆に混乱を招くため、注意が必要です。

TIPS
コントラストの確保も重要

配色を決める際は、コントラストの確保も同時に考えましょう。プライマリーカラーやセカンダリーカラーを文字色に使う場合、背景とのコントラスト比が4.5:1（文字サイズ24px以上は3:1）以上ないと可読性が低下します。詳しくは、WCAGの公式ガイドラインを参照してください。

- 達成基準 1.4.3：コントラスト（最低限）を理解する
URL https://waic.jp/translations/WCAG21/Understanding/contrast-minimum.html

CHAPTER 3 ビジュアルを改善するヒント　目の負担を軽減する黒基調のデザイン

04 ダークモードを作るとき

01 ユーザーの目の負担を軽減するダークモード

　近年、OLEDディスプレイの普及や目の疲れへの関心の高まりから、ダークモードを搭載しているアプリは非常に多くなっています。

　特にモバイルアプリでは、暗い場所でも快適に利用できることや、バッテリーの消費を抑えられることから積極的に採用されています。

　ダークモードは現代のデザインでは欠かせない要素となっており、主流なアプリの多くに搭載されていることから、洗練されたモダンな印象を与えることもできます。

　ダークモードを作る際はライトモードとは異なる点で注意が必要です。特にコントラスト、アクセシビリティなど、視認性の確認が重要となります。十分にテストを行い、どちらのモードでも見やすい画面になるよう心がけましょう。

02 ダークモードの配色の注意点

ライトモードで利用していた色をそのまま採用するとビビッドで目に負担がかかります。ダークモードでは彩度を落とした色を選ぶ必要があります。

画像ファイルはダークモード用のものを用意しましょう。ライトモード用に作成された画像は印象が大きく変わって見えます。

ダークモードではドロップシャドウの表現は見えにくくなります。白い影を落とす、罫線を濃くするなどの調整が必要です。

TIPS

ダークモードのデータ作り

ダークモードを作る際は、デザインデータを2つ分作る必要があります。Figmaで作業する場合、開発しやすいよう、データ制作にも注意が必要です。
Figma上でパーツごとに色指定をするようにしましょう。
Figmaは「Variant」という機能を用いることで、ライト／ダークモードの色変数の整理をすることができます。

47

CHAPTER 3　ビジュアルを改善するヒント

リアルな情報を伝えることができる画像

05 写真の使い方

01 アプリでは写真は「装飾」としてはあまり使わない

　コーポレートサイトやブランディングサイトでは、写真は装飾としてよく使われ、そのサイトの雰囲気を良くしたり、世界観を表現したりするために活用されます。一方、アプリの場合は基本的には「機能」が優先されるため、装飾は控えめにし、ユーザーが操作を迷わず行えることを重視します。

　そのため、写真は装飾として使われることはあまりありません。使ってはいけないわけではありませんが、使う場合は「アプリの目的・操作の邪魔にならないか」「本当にユーザーにとって必要な情報かどうか」を考えて配置するようにしましょう。

コーポレートサイトの例　　アプリケーションの例

02 商品の写真など、リアルな情報を伝えるときに使う

　アプリケーションでの写真は、ECサイトの商品写真や、料理サイトの料理写真など、そのサービス内で取り扱われる情報として使われます。ユーザーが買い物をするとき・料理を作るときに必要な情報となり、写真が重要なコンテンツの一部となっています。

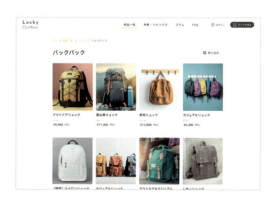

03 写真の配置のポイント

　同じ写真でもそのトリミングの方法によって画面に与える印象は変わります。サイトの雰囲気に合うように調整しましょう。四角は安心感を与えることができ、円形のトリミングは余白が生まれて優しい印象にできます。

四角にトリミングした場合

円形にトリミングした場合

　写真にテキストを重ねると、可読性が下がります。画像に暗めのオーバーレイを加えたり、文字の背景に半透明のボックスを使用したりするなどの考慮が必要です。

04 写真が中心となるサイトは色数を抑える

　写真が中心となるサイトやアプリ内では使用する色数を抑えることで、写真がより際立ちます。AirbnbやInstagram、ZOZOTOWNなどのシンプルなUIが代表的ですが、写真にはさまざまな色が使われるため、その周りは白黒グレーの無彩色で構成されています。

　こういったサイトはユーザーやショップ側が自由に画像を投稿・ページを作成することから、アプリ側で色味の調整まで細かく関与ができません。あらかじめどんな写真が追加されても成り立つようにデザインを検討しましょう。

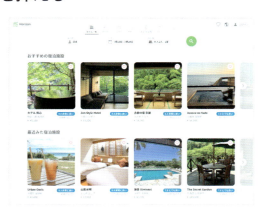

CHAPTER 3
ビジュアルを改善するヒント

ユーザーとの距離を縮めることができる画像

06 イラストの使い方

01 アイコンより詳しく、写真より簡潔に表現できる

　イラストはアイコンや写真と比べると、情報量が多すぎず少なすぎず、ユーザーに伝えたい部分だけを伝えることが得意です。

　アイコンはユーザーの目を引くことは得意ですが、詳しい説明をすることはできません。写真の場合は、リアルな説明ができる反面、関係のない他の情報がどうしても目に入ってしまいます（例えば、スマートフォンの機種や、指のしわなどが気になるユーザーもいるかもしれません）。

　イラストは強調したい部分を大きく見せることができたり、重要ではないパーツをデフォルメしたり、必要な部分だけを強調したりできる点が大きな特徴といえます。

　写真と比べて、色や見た目も調整しやすく、アプリの中に置いても違和感がないように調整できるため、アプリケーションでは頻繁に活用されます。

アイコン

イラスト

写真

情報量が少ない　→　情報量が多い

02 アプリの説明や解説に特に有効

　イラストは画面上で目を引くうえ、優しい雰囲気で、ユーザーとの距離を縮める効果があります。特にユーザーが操作に慣れていない場面などでは、アプリの使い方の解説や、そのアプリの世界観を表現するために有効です。モバイルアプリでは、初回起動時のウォークスルー（ガイダンス）でよく使われます。

　他にもアプリのマニュアル、ヘルプ画面、0件表示（エンプティステート）などで利用され、こういったユーザーのサポートが必要な場面で活用することで、アプリの印象と使い勝手の両方を高めることができます。

　最近では簡易なアニメーションを使った解説も増えてきました。

タクシーが呼べる GOアプリ　　　LINEアプリ

03 イラストで具体例を示す

　郵便局アプリでは、荷物の種類をイラストでわかりやすく表現しています。サービスの名称と対象の封筒がイラストのおかげでひも付いて理解できて、利用の検討がしやすくなっている好例です。

　このように具体例を示してユーザーをサポートすることにもイラストは活用できます。

04 ブランディングに活用する

　イラストはブランディングにも活用できます。アプリや企業の顔となるロゴやキャラクターがいる場合はそれらを登場させることで、アプリ外のサイト、広告、企業イメージなどと一体感を簡単に生み出すことができます。

郵便局アプリ

出前館アプリ

> CHAPTER 3
> ビジュアルを改善するヒント
>
> 利用方法を簡単に説明でき、アプリの印象を変えられる重要パーツ

07 アイコンの使い方

01 アプリにおける「アイコン」

　UI制作において、アイコンは近年のほぼすべてのアプリに登場しており、なくてはならない存在です。

　多くは機能を説明するための補助として使われ、ユーザーは文字を読まずとも、アイコンを見るだけで、機能を想像することができます。文字のスペースを節約できるうえ、文字ばかりの画面よりもすっきりと見せることができ、うまく使えば大きなメリットがあります。

　特にサイドナビゲーションやスマホのボトムナビゲーションにアイコンを配置することは効果的で、そのアプリでできる全体像を説明することができます。

02 UIでよく使われるアイコン

次に進むとき、戻るときは矢印のアイコン、HOME画面には家のアイコン、項目を新規作成するときはプラスのアイコンなど、世の中のアプリでよく使われている基本的なアイコンは積極的に活用しましょう。これらのアイコンは、ユーザーも他のアプリで見慣れており、すでに意味を理解しています。そのため、文字情報がなくとも利用することができ、アプリの機能、情報を簡潔に伝えることができます。

矢印
画面の遷移や開閉を表す

3本線（ハンバーガー）
メニューを表す

！マーク
注意やエラーを表す

グローバル
多言語やネットワークを表す

家
HOME画面、TOP画面を表す

カート
買い物で購入前に入れるカゴを表す

ゴミ箱
削除の操作を表す

右向きの三角・2本線
動画や音楽の再生、一時停止を表す

TIPS
めずらしいアイコンは文字もセットで

あまり見ないアイコンを使うときは、文字もセットで置くようにしましょう。よほど一般的なアイコンでなければ、文字情報とセットで配置しないとユーザーには伝わりません。ツールチップなどを活用して、アイコンボタンにも文字を追加しましょう。

クーポン　銀行口座　外貨両替　割りかん

使えるお店　お気に入り　ポイント運用　友達紹介

ショッピング

03 アイコンで変わる画面の印象

アイコンもアプリ全体の印象を左右します。よりアプリの印象に合った効果的なアイコンを選ぶようにします。

▶ **アウトライン**
　背景色とのコントラストが控えめなため、画面になじみやすく、アプリ全体を統一感のあるデザインに仕上げることができます。視覚的に情報量が少なく、すっきりとした印象を与え、画面をシンプルに見せることができるため、使いやすいアイコンです。

▶ **塗りつぶし**
　塗りつぶしアイコンは画面上ではっきりと見え、視認性が高いです。視覚的なインパクトが強く、ユーザーの注意を引き付けます。アウトラインアイコンと組み合わせて、選択状態やアクティブ状態などを表現するのに便利です。

▶ **色つきのアイコン**
　アイコンに色をつけることでアプリのトーン＆マナーやブランドカラーを強調できます。上記の2つに比べるとアプリ全体に可愛らしい印象を与えます。

04 アイコンフォントのサービスを活用する

　世の中には商用利用可能な形で提供されているアイコン集のサービスが存在します。
　よく使うアイコンまですべてを自作すると膨大な時間がかかります。アイコンサービスは積極的に活用することをお勧めします。ただし、著作権表示が必要な場合などもあるため、利用規約をよく確認してルールに沿って利用するようにしましょう。

▶ Material Symbols & Icons
`URL` https://fonts.google.com/icons

　Googleが提供するアイコンフォントサービス。すべて無料で提供されており、線の太さなどのカスタマイズをすることができ、自由度が高い。

▶ Font Awesome
`URL` https://fontawesome.com/

　無料で利用できるアイコンフォントサービス。他サービスと比べアイコンフォントの種類が圧倒的に多く、有料プランでは大量のアイコンを活用することができる。カスタマイズも豊富。

▶ Bootstrap Icons
`URL` https://icons.getbootstrap.jp/

　最大手のCSSライブラリBootstrapが提供するアイコンサービス。細身で使いやすいフォントが揃っている。

TIPS

Figmaライブラリを活用しよう

上記のようなアイコンはFigmaの公開ライブラリが存在し、日々アップデートされています。自身のプロジェクトに読み込んで効率的にデザインを作成しましょう。

Column FigmaのUIキットを活用しよう

　Figmaでは、ボタンやフォームなどのコンポーネントやデザインサンプルが豊富に提供されており、これらを活用することで効率的にデザインを進めることができます。

　Figmaが提供しているSimple Design Systemをはじめ、GoogleのMaterial DesignやAppleのHuman Interface Guidelinesに準拠したUIキットもあり、各プラットフォームに適したデザインを素早く適用できるのが特徴です。ゼロからすべてを作る必要がなく、デザインの品質を保ちつつスピーディーに作業を進めることができ、デザインシステムを統一することで、チームでの作業効率も向上します。

✅ UIキットの例

Simple Design System

　Figma公式が提供しているUIキットのひとつで、豊富なコンポーネントの中から必要なものを選択し、組み合わせるだけでワイヤーフレームやデザインのベースが作れます。作成したベースをもとに、目標や要望に合わせて、カスタマイズして、完成度を高めていきます。

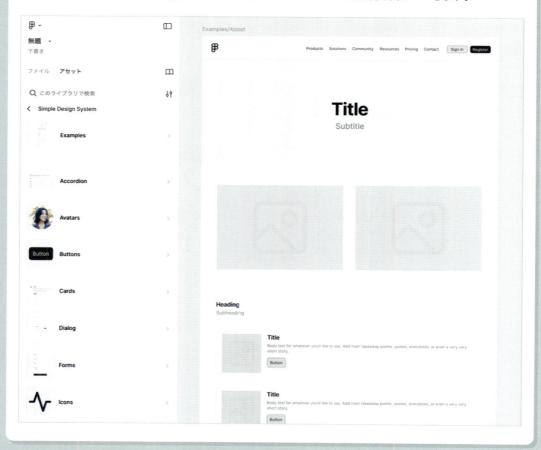

CHAPTER

4

UIを改善する
ヒント

画面遷移の導線、画面に配置するテキストの文言など、画面の細部からユーザー体験を向上できるポイントを解説します。

CHAPTER 4　UIを改善するヒント

利用シーンや操作の違いを把握する

01 | デスクトップアプリとモバイルアプリの違い

デスクトップアプリケーション

利用シーン
- 自宅や職場など、席での長時間の利用
- 作業を行うときに利用する、業務目的のアプリケーションが多い
- 資料やデザインなどアウトプットの作成
- メールやプログラミングなどの長文の文字入力
- Web会議の開催や動画の視聴など、大画面を活用した操作
- 高性能なPCが必要なデータ量の作業

操作方法
- マウスやトラックパッドを使った繊細なカーソル移動
- クリック、ダブルクリック、右クリック、ドラッグなどを用いた高度な操作
- キーボードを使った高速の文字入力、ショートカットキーの活用
- 複数のウィンドウを開いての操作

OVERVIEW

　主にPCで利用するデスクトップアプリと、スマートフォンなどのモバイルアプリでは、利用シーンや操作方法が大きく異なります。デスクトップアプリは主に長時間の作業で、簡単な操作から高度な操作まで広い操作をカバーします。一方でモバイルアプリは移動時間や暇つぶしなど、短時間で使う場面が多く、簡単な操作だけを実施することが多いです。操作方法も異なり、PCはトラックパッドやマウス、キーボードによる操作、スマートフォンは指でのタップ・スワイプの操作が基本となってきます。UIの検討はそれぞれの特性を理解したうえで進めていく必要があります。

モバイルアプリケーション

利用シーン

- 移動時間や待ち時間、暇つぶしなど、短時間での利用
- 日常的、消費者視点での利用目的のアプリケーションが多い
- SNSやチャットなど、短文の文字入力
- 料理中の動画視聴や、移動中の地図の確認など、「ながら」での操作
- 持ち運びできることを生かした、タッチ決済、カメラを用いたバーコードの読み取りなどの独自の機能の活用

操作方法

- 指での操作（両手の人差し指で使う場合や、片手の親指で使う場合がある）
- スワイプ、ピンチイン、ピンチアウト、長押しなどの独自操作
- 仮想キーボードのフリック操作での文字入力

POINT デスクトップアプリは全体像が見えるように、モバイルアプリは集中しやすいように

デスクトップアプリでは画面幅が大きいことから、全体を見渡せるように情報を配置します。例えば、ナビゲーションであれば、一覧と詳細情報を同時に表示するなど、1画面の中に多くの情報があっても問題ありません。一方で

モバイルアプリは画面が小さいため、1画面内での情報量を抑えて、集中しやすいレイアウトにすることが望ましいです。ナビゲーションもハンバーガーメニューに隠すなど、できることをひとつずつ表示していくようにしましょう。

Slackの例

デスクトップアプリではナビゲーションとチャット欄の両方を見ることができ、全体像がわかる。

モバイルアプリではナビゲーションとチャット欄が別ページに分かれている。

POINT モバイルアプリでのボタンの大きさは44px × 44px以上を確保する

PC操作の場合、マウスカーソルは小さく、繊細な操作を行うことができます。テキストリンクなども押下しやすいです。一方で、スマートフォンは指での操作となるため、繊細な操作には向いていません。人の指腹は平均して10mmくらいと言われています。そのため、小さすぎるとタッチの反応が悪かったり、誤タップの原因になったりします。最低でも44px × 44pxのサイズを確保しましょう。PC画面は大きいサイズのボタンでも操作しにくいことはないため、レスポンシブデザインの場合はスマートフォン画面のサイズ感を優先しましょう。

POINT デスクトップアプリは横スクロールが苦手

モバイルアプリは指での操作になるため、横方向のスクロールが簡単にできます。そのため、カルーセルや、横方向にカードが並ぶようなレイアウトでも対応しやすいです。一方で、デスクトップアプリは横スクロールのためにはスクロールバーが必須です（※Shiftキー＋マウスホイールを上下に回して操作は可能ですが、あまり一般的ではありません）。

横方向の操作をデスクトップアプリに用いる場合は、横方向に移動するための移動ボタンを用意するなど、クリックでの操作に対応できるようにしましょう。

モバイルアプリでは指での横方向の操作が簡単。

デスクトップアプリでは左右に移動できるボタンを追加する。

POINT それぞれに合った操作方法を考える

例えば、PCのメールアプリでは複数のメールを選択するとき、「Shiftキーを押しながら選択」を行います。一方で、スマートフォンでは「長押し」することで複数選択できるチェックボックスが左側に現れ、複数選択が可能になります。

もしデスクトップアプリでもモバイルアプリと同じように長押しでチェックボックスが現れる仕様だと、多くの人は操作方法がわからなくなってしまいます。

Shiftキーの操作、長押しの操作はそれぞれの端末でのみ使える操作ですが、利用シーンに合わせた最適な操作といえます。

もしデスクトップアプリとモバイルアプリの両方を考える必要がある場合は、それぞれが最も使いやすい操作方法になるように検討しましょう。

また、実装コストを抑えるという視点では「同じ操作方法で良い落としどころを考える」という方針も大事です。

CHAPTER 4 UIを改善するヒント

オブジェクト型UIの形を理解しておく

02 やることの導線を明確に

OVERVIEW

UIを操作するとき、ユーザーに先に「動詞」を選ばせるものをタスク型UI、先に「名詞」を選ばせるものをオブジェクト型UIと呼びます。

タスク型UIは特定の操作に手順が絞られてしまうというデメリットがあり、操作方法を覚える負荷が高いとされています。オブジェクト型UIは操作の柔軟性が高く、ユーザーが画面を触りながら覚えていくことができます。こういったUIは画面の全体像も把握しやすく、情報や機能の意味づけの理解がしやすくなります。

POINT 必要なアクションを列挙しないようにする

アプリを開発するとき、作るべき機能を優先してしまい、先に「動詞」を画面に表示してしまいがちです。機能要件は満たせるかもしれませんが、自由度が低い画面となってしまうため、注意しましょう

機能は満たせているが、複雑化している。

POINT 対象を先に決めよう

対象となる「オブジェクト」の洗い出しを先に行うと、自由度の高い画面を作ることができます。音楽アプリであれば、「曲」をオブジェクトとして、旅行予約アプリであれば、「宿泊先」や「予約」をオブジェクトとして、どういう操作ができるかを考えるようにしましょう。

旅行予約アプリの予約一覧の例。「予約」がオブジェクトとして並んでおり、対象の予約を選んでから「確認」「領収書発行」「キャンセル」といった操作を実行できる。

TIPS タスク型が良い場合もある

例えば、Zoomやヤマト運輸のアプリではタスク型のように「動詞」が先に表示されています。これらはZoomのミーティングIDやヤマト運輸の再配達依頼の送り状番号など、対象の「名詞」を検索することから開始するUIとなっています。こういった場合はタスク型が非常に有効になります。

Zoomデスクトップアプリ　　ヤマト運輸アプリ

CHAPTER 4 UIを改善するヒント

遷移時は前後関係がわかるように

03 リンクとページタイトルの表記を揃える

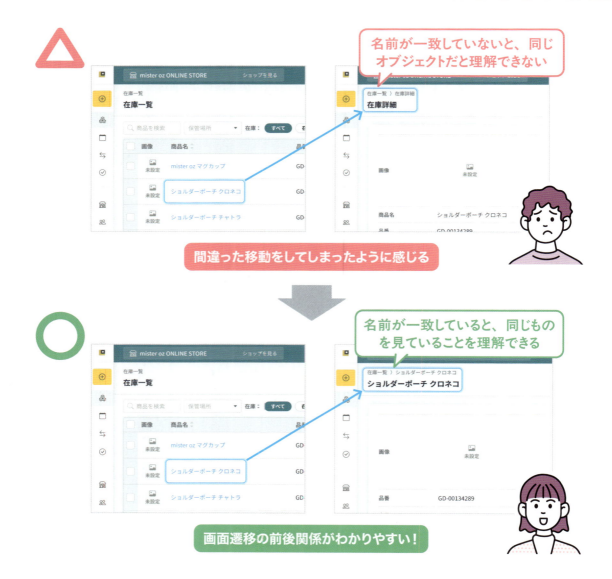

OVERVIEW

アプリケーションは多くの場合、階層構造になっており、ナビゲーションや一覧画面から、より詳細な情報の画面に遷移します。

そのときに、表示されている遷移前のリンクの名称と、遷移先のタイトルは一致していることがベストです。名前が一致していない場合、ユーザーは正しい画面移動をしたかどうか不安に感じます。ボタンやナビゲーションとタイトルがユーザーに伝わりやすいか確認するようにしましょう。

POINT 複数の画面のデータは同期する

一覧画面と詳細画面の情報は共通のデータです。タイトルに変更があった場合、一覧画面も詳細画面も両方が変更されるようにします。

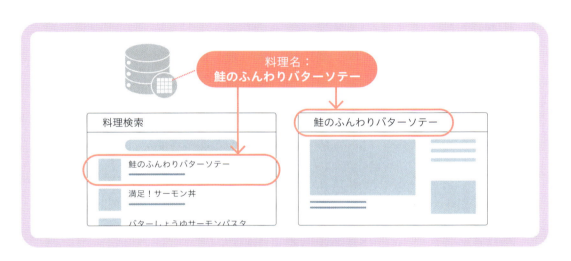

POINT モーダルや右パネルなど、下階層を表示するときも同じ

モーダルウィンドウを表示するときや、右側に詳細なパネルを展開するときなどでも、このパターンは適用されます。

「選んだものが表示される」という体験になるように設計しましょう。

CHAPTER 4 UIを改善するヒント

UXライティングのコツ

04 文言を洗練させる

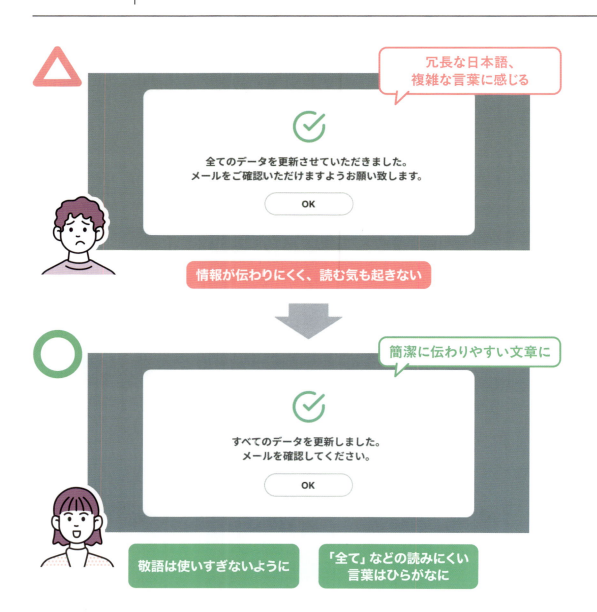

/ OVERVIEW /

　UXライティングは、「ユーザーがより良い体験を得られるようにわかりやすく伝える文章」のことです。アプリ制作において非常に重要で、画面上に表示するボタンなど、さまざまな要素でUXライティングが求められます。

　特に重要となるのは、「ボタン」「リード文」「エラーメッセージ」「入力フォーム」「ポップアップのメッセージ」などです。ユーザーがスムーズにアプリを利用できるように文言を洗練させましょう。

専門用語は伝わらない

503 ERROR
Service Temporarily Unavailable

意味を調べなければならない

なじみある言葉に変換

現在サイトが繋がりにくい状態になっています。
時間を置いて再度アクセスしてください。

利用ユーザーに合わせる

理解はできるが、時間がかかる

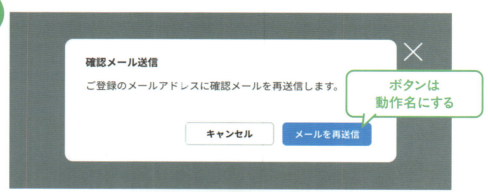

次に起こることがわかりやすい

TIPS

「購入」か「購入する」か？

「〜する」は文字量は増えてしまうのですが、つけることによって利用ユーザー側の視点の言葉にすることができます。自分への言葉として捉えることができ、行動を促進する効果があります。ECサイトでの「購入する」、SNSでの「投稿する」などに有効なライティングとなります。

セミナー申し込み

勉強会を選択してください。

> 同じ意味の言葉が複数あり、表記が揺れている

別のものを表しているのかと不安に感じる

セミナー申し込み

セミナーを選択してください。

> 言葉が統一されているとすぐ理解できる

別画面に移動しても常に同じ言葉だと迷わない

⚠ 検索条件に一致する物件が見つかりませんでした。

> 言葉がネガティブなだけになっている

印象も悪く、次にするべき行動がわからない

⚠ 検索条件に一致する物件が見つかりませんでした。
別の条件で再度検索してください。

> 次の行動を促すポジティブな言葉を付け足す

次に何をすればよいかわかり、操作を続けやすい

> CHAPTER 4
> UIを改善する
> ヒント
>
> ラベル（項目名）をなくして美しいUIに

05 なくてもわかるものは削る

OVERVIEW

アプリケーションではよくデータを「ラベル（項目名）」と「値」のセットで表示します。

ただただ横並びで置いていくこともできますが、同じ文字サイズで情報が並ぶと、ユーザーは何に注目すべきかわからず、大事な情報を読み飛ばしてしまうこともあります。ラベルは削り、値だけにしても、ユーザーはその書式や周辺の情報によって、その文字が何を表しているのかすぐに理解できます。よほど理解が難しい専門用語の場合はラベルをつけたほうがよい場合もありますが、基本的には「削ることができないか」と考えましょう。

POINT メールアドレス、金額、日付などは文字だけでも伝わる

一般的になじみのある書式のURLやメールアドレスはラベルがなくても伝わります。また金額や日時などの単位があるものも、ラベルなしで伝えやすいです。

ただし、「更新日時」と「作成日時」が並ぶ場合など、似たような項目が並ぶ場合はラベルを削除してはいけません。

POINT 文章に置き換える

例えば、「更新日時：12:30」と表記する箇所は「25分前に更新」と書くことでも伝えることができます。「ラベル：値」という形から変えることで情報が埋もれにくく、文章次第でより親切に情報を表現できます。

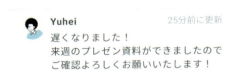

POINT 文字以外の表現方法を考える

アイコンや図形などでも、視覚的にわかりやすく表現できます。

評価は星のマークで表現　　人の数をアイコンで表現　　進捗率をバーで表現

CHAPTER 4 UIを改善するヒント

ユーザーが結果を認識できるようにする

06 ユーザーへのフィードバック

処理が完了していても、ユーザーが結果を自分から探しにいかねばならず、ストレスとなる

ユーザーが受動的に結果を知ることができ、安心できる

/ OVERVIEW /

　ユーザーが画面で何か操作をした際、その結果が返ってこないと、ユーザーは操作が完了したのかどうか判断できません。ユーザーの操作には必ずその結果をセットで用意し、素早く画面上にフィードバックを出すようにしましょう。メッセージトーストなどで成功をお知らせする、エラーメッセージを出して失敗をお知らせするなど、アプリ内で一定のルールを決めて表示するようにしてください。
　読み込みを開始したときなどにはローディングを表示し、実行途中であることをわかりやすくすることも重要です。

POINT 画面全体に関わる処理はトーストを使う

　画面全体に関わる処理は、トーストを表示して完了を知らせましょう。トーストは結果表示後に自動で非表示になるパーツで、ユーザー側で消す必要がなく、ストレスの少ないパーツです。

POINT 項目の近くでフィードバックする

　ユーザーが操作していたボタンの近くに結果を表示するのも効果的です。操作部分には直前に注目が集まっているため、フィードバックに気がつきやすいというメリットがあります。入力欄のバリデートエラーも同様です。

POINT 処理が長いときは、実行中であることがわかるように

　実行中の処理が長い場合は、ローディングや進捗ダイアログなどを表示して、実行途中ということがわかるようにしましょう。完了していなくとも、「処理が始まっている」ということをユーザーに伝えることが重要です。

CHAPTER 4
UIを改善する
ヒント

わかりやすいエラー体験を作る

07 | エラーの表現方法

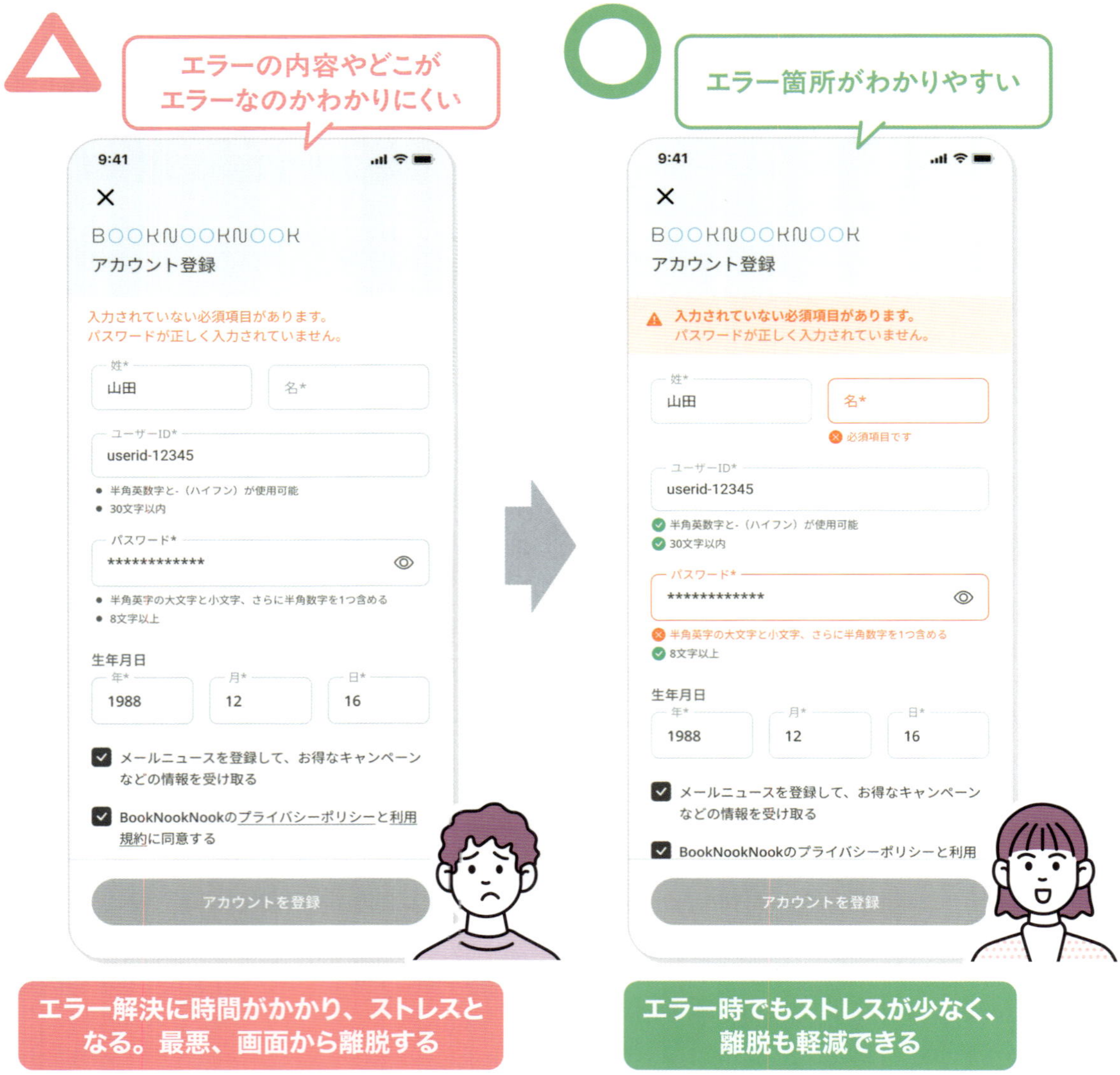

エラーの内容やどこが
エラーなのかわかりにくい

エラー箇所がわかりやすい

エラー解決に時間がかかり、ストレスと
なる。最悪、画面から離脱する

エラー時でもストレスが少なく、
離脱も軽減できる

OVERVIEW

エラーメッセージは、ユーザーが操作でつまずいたときに状況を理解し、次に取るべき行動を促すための重要なUI要素です。適切に設計されたエラーメッセージは、ユーザーのフラストレーションを軽減し、スムーズに解決へ導く役割を果たします。エラーは「何が原因で起こったのか」「何を直せば解決するのか」がすぐにわかるようにする必要があり、表示位置やメッセージの文言が非常に重要となります。

POINT 視覚的な強調でユーザーに気づかせる

エラーメッセージは、ユーザーが一目で認識できるように視覚的な強調を取り入れる必要があります。

例：
- 主に赤色を用いて、背景色や文字色のコントラストを高めて目立たせる
- エラー箇所の近くや画面上の目立つ場所にメッセージを表示し、原因箇所を特定できるようにする

色覚多様性のユーザーにも配慮し、アイコンや太字を併用する。

POINT 明確でわかりやすいエラーメッセージの文言

単に「エラーが発生しました」といった抽象的な表現では、何が原因か、次に何をしたらよいのかわかりません。エラーメッセージは必ず、具体的かつ次の行動を促す内容にしてください。

例：
- パスワードは8文字以上にしてください
- 検索条件を確認し、再度入力してください
- 何度も接続できない場合は、以下のリンクからお問い合わせください

専門用語も避け、わかりやすい言葉にする。

CHAPTER 4
UIを改善するヒント

情報は全部出さなくても大丈夫

08 省略を活用しよう

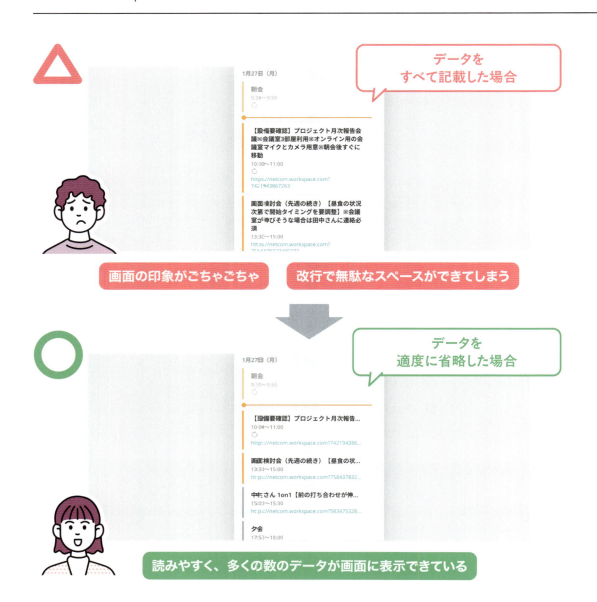

OVERVIEW

アプリケーションではデータを扱うため、長い文字列や短い文字列が入ることを考慮しなければいけません。特に長い文字列が入る場合は、改行が発生して、デザイナーが意図していない形になってしまうことがあります。情報を詳細に掲載することも大切ですが、それ以上に読みやすさや操作のしやすさを優先したほうがよい場合があります。データにはさまざまな省略表記の方法があり、省略することで画面の印象とアプリの使い勝手をより良くすることができます。

POINT ヘッダタイトル部分の文字省略

特にスマホなどでよく見られるヘッダタイトルのエリアは、スクロール時固定されていることが多く、改行するとコンテンツ部分を隠してしまいます。

こういったエリアは高さを固定することを優先し、右端で省略しましょう。

POINT 内包する件数を出すようにする

複数の情報を省略するときは、その件数を表示するようにしましょう。件数はクリックして展開できるようにし、内包する要素が別途わかるようにしておきます。

POINT グラデーションによる省略

後に要素が続くことを表す場合に有効な省略方法です。別画面に遷移せず、今いる画面上で何か操作すると省略された部分が見られる、という印象を与えます。

CHAPTER 4　UIを改善するヒント

一覧画面の操作性が大幅に上がる

09　サムネイルで識別を助ける

サムネイル画像がない場合

どのデータも同じに見え、文字を読む負荷がかかる

サムネイル画像がある場合

画像が目に入ることで、探しているものを見つけやすい

OVERVIEW

サムネイル画像はアプリケーションでよく利用される手法です。画像は文字よりも人間の記憶に残りやすく、一目で情報を処理できます。

事前に「この画像はこのデータを表す」ということをユーザーが理解しているため、文字を読まずとも、スムーズに画面情報を把握することができます。特に一覧画面では複数のサムネイル画像が並ぶため、選択時の迷いを減らすことができ、使い勝手が向上します。画像を持たないデータの場合でも、アイコンを用いるなど、何かしら一覧画面にビジュアルの要素を加えられないか考えましょう。

POINT サムネイルは小さくてもよい

サムネイル画像は小さくても、画像の大まかな雰囲気がつかめれば十分ユーザーの助けになります。画像は小さくつぶれてもよいものとして、小さいリスト内でも配置しましょう。

小さくても、他の画面で見慣れていると配色でなんとなく雰囲気を覚えている。

POINT カード型は大きくサムネイルを配置できる

カード型のパーツは大きなサムネイルを配置できます。ショッピングサイトや旅行サイトなど、写真を大きく見せたい場合に有効です。また、描画系のツールでプレビュー表示をサムネイルに配置したい場合にも有効な方法となります。

TIPS

サムネイルにできるものがないとき

データの中身によっては、そもそも画像情報を持たない場合があります。そういった場合はアイコンを付与しましょう。ある程度のカテゴリを分類でき、サムネイルほどではないですが、ユーザーがデータを探すときの助けになります。

CHAPTER 4
UIを改善する
ヒント

誤操作しにくい、ユーザーが安心できる画面に

10 | 危険な操作の前は必ず確認を入れる

削除操作がすぐに実行されてしまった場合

想定外の削除が起こってしまうと、ユーザーに大きなストレス

確認ダイアログを挟む

一度確認を挟むことで、ユーザーも安心して利用できる

OVERVIEW

削除のような危険な操作をするときは必ずモーダルなどでユーザーに確認を行います。誤操作は誰にでもあり、もしユーザーが誤って削除をしてしまい、再入力をしなければならなくなった場合、アプリケーションやサービスそのものの印象が悪くなってしまう場合がありま す。特に最近のアプリケーションはほぼすべて確認のダイアログを表示するため、ユーザーもそれに慣れており、削除の実行ボタンを気軽に押してしまうこともあります。「突然削除されてしまった」という印象にならないように、削除系の操作には注意しましょう。

POINT 確認モーダルのボタン文言は誤解のないように

確認モーダルにおいて、文言はユーザーに誤解を与えないものになるように注意しましょう。例えば『「キャンセル」をキャンセルする』という表現をしてしまうと、ユーザーは混乱します。「キャンセル」はアプリ内で一般的によく使われる言葉のため、他の表現になるように調整しましょう。また、「OK」を使って削除実行を行うことも避け「削除する」「破棄」などの動作の文言を使って削除実行を確定させるようにすると、ユーザーも理解しやすくなります。

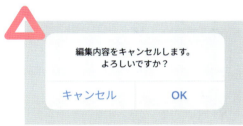

「キャンセル」の実行操作にも見えてしまい、どちらを選ぶべきか迷ってしまう。

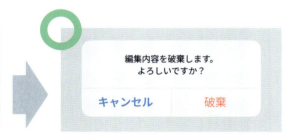

破棄されることが伝わりやすい良い例。

TIPS

JavaScriptの「confirm」はなるべく使わない

JavaScriptの「confirm」を用いると、ブラウザの標準機能で確認ダイアログを簡単に作成できます。便利な機能ですが、カスタマイズ性がなく、削除モーダル内に注意書きを目立つ形で入れるといった調整がしにくいです。デザインの一貫性も損ね、ユーザーの印象も悪いため、削除操作の確認ではなるべく使わないようにしましょう。

「confirm」は「作業途中のページから離れるとき」のみ利用したい。
ブラウザタブを閉じるような操作の場合は、オリジナルのダイアログでは対応できないため、そういった場合には有効な実装手段となる。

CHAPTER 4 UIを改善するヒント

確定されてしまうのかどうかがわかるように

11 重要な意思決定のボタンは操作前に情報を知らせる

82

OVERVIEW

基本的に、アプリは操作するに従って別画面が表示されていくため、ユーザーはボタン押下後にどのような画面になり、どの操作を行うことになるかを想像する必要があります。ただ画面の情報を読むだけであれば、大きな問題は発生しませんが、重要な操作になるほどユーザーは操作に不安を感じます。

特にお金が関わるような操作や、他の人にも影響が及んでしまう操作などは、次に何が起こるのか、ユーザーに事前に知らせて安心させることが重要です。「取り消しができない操作」の場合は特に意識する必要があります。

POINT 補足テキストかモーダルか

補足テキストは操作を中断させずにユーザーを安心させることができます。モーダルは確実にユーザーに注意を促せますが、操作を中断させてしまうため、操作の快適さをやや損ねます。ここはアプリによって使い分けましょう。

購入ボタンなどでは、スムーズな操作も重要。こういった場面では補足テキストに。

この操作は取り消せません、といった重要操作はモーダルや赤字で確実に目に入るようにするほうが安心。

POINT まだ確定していないことを知らせることも大事

複数の画面にまたがる操作の場合、ユーザーが操作を完了したと誤解してしまう場合もあります。そういった場合はまだ未確定であることをメッセージなどで知らせるようにしましょう。

CHAPTER 4 UIを改善するヒント

何もないことをユーザーに知らせる

12 0件表示（エンプティステート）は必ず用意する

白紙の状態

読み込み中なのか、表示バグなのか、0件なのかわからない…

エンプティステートを置く

状態を理解できる　　次にどうすればよいか考えやすい

OVERVIEW

データがない状態、0件の状態のとき、何も置かず白紙のままとすると、ユーザーは「読み込みの途中なのかもしれない」「不具合で画面が表示できていないのかもしれない」など、現在の状況がわからず不安に感じます。表示するデータがないことは、エンプティステートを用いて必ずユーザーに知らせるようにしましょう。配置することにデメリットはまったくないため、置かれていない画面があれば必ず置くべきパーツです。

POINT 次の操作を書くとより良い

エンプティステートは、次にユーザーがすべき操作がわかるようにし、ボタンなどを置くとより親切です。ユーザーにとっては「何もできない状態」のため、操作の案内を出してアプリ全体の体験を高めるようにしましょう。

POINT イラストや図を配置する

エンプティステートにイラストや図を置くことで、ユーザーの直感的な理解を助けることができます。文字だけでも十分な効果がありますが、できる限りイラストや図も配置するようにしましょう。

どういったアイテムが並ぶのか想像しやすくできる。

『ホットペッパービューティー』の例
画面イメージで丁寧な説明をすることもできる。

85

CHAPTER 4　さまざまなオンボーディングの手法
UIを改善するヒント

13　初回ユーザー向けの案内を用意する

01　コーチマーク

コーチマークは画面上に表示するフキダシです。特定のボタンやエリアに対してピンポイントに説明を記載することができるため、デザインをすっきりさせつつ説明ができます。

ただし、長い文章で説明をすることはできないため、「ひとまずボタンを押させてみる」といった誘導の役割が強いです。

画面を暗転することで、より特定のエリアを強調することができます。

暗転する場合はユーザーの操作を中断することになります。使いすぎないように注意しましょう。

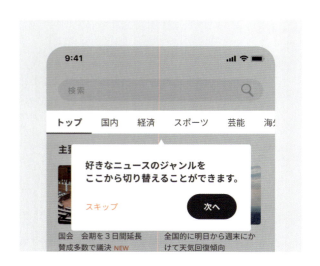

OVERVIEW

　アプリは使われないと意味がありません。初めて使うユーザーに「難しい」と思われてしまい、使われなくなってしまったら、その後もう一度使ってもらえる可能性は非常に低くなります。「最初の体験」はアプリ・サービスにとって最も重要なポイントのひとつといえます。コーチマークを筆頭に、ユーザーにアプリの良さを知ってもらうためのさまざまな手法がありますので、なるべく活用していきましょう。ただし、これらの手法は使い慣れたユーザーにとって煩わしくなりがちです。そのため、一度見たら消えるようにするなど、初心者向けの案内が負担にならないよう注意が必要です。

02 説明モーダル

　モーダルを用いて、簡単な説明を表示する手法です。ユーザーの行動を中断させることから、確実に情報を見てもらうことができます。

　また、手前に重なる形で表示するため、どんな画面でも出すことができるというメリットがあります。

03 説明ツールチップ

　邪魔にならないサイズの「？」アイコンを置き、ユーザーが押下することでツールチップを出す手法です。専門用語の解説などを行う場合に最適な手法です。

04　パーソナライズ

　パーソナライズは、ユーザーの興味関心を特定して、ユーザーに合った情報を提供する手法です。

　アプリの初回起動の際に簡単な質問を用意し、ユーザーの情報を特定できます。情報が偏ってしまうというデメリットはありますが、ユーザーに合う内容を提案でき、欲しい情報に到達しやすくすることができます。

05　サンプル

　例えば、メモアプリなど、ユーザーが自由に登録を行うことができるツールで、デフォルトで1件作成例を置いておく手法です。

　ユーザーはどういうものを作ることができるのか想像しやすく、サンプルを用いて編集操作の練習もすることができます。

06　ミッション

　ミッションを用意することで、アプリを使うためのさまざまな初期設定をユーザーに促すことができ、ミッションをこなすことで使い方を覚えることができます。

　やらされている感が他のオンボーディング手法よりも強いため、強制的な印象をなるべく出さないような、見せ方の工夫も必要です。

07 ウォークスルー

　主にスマホアプリで見かけることが多いウォークスルーは、初めて利用するユーザーに対して、アプリでできることをイラストを用いて簡単に説明します。

　ここでは詳細を説明するのではなく、アプリの全体像を伝えることが重要となります。

　ウォークスルーやモーダルの説明など、ユーザーの操作を一時的に制限するような場合は必ずスキップボタンを設置しましょう。説明を煩わしく感じる人への配慮を忘れずに。

TIPS
「マニュアルなしでも使える」を目指す

アプリには必ず使い方の説明として「マニュアル」が必要です。ただ、「マニュアルがあるから大丈夫」と考えるのは危険です。マニュアルはあくまで困ったときの最終手段とし、基本的には「マニュアルを見なくても使えるUIになっているかどうか」を基準に画面を作成していきましょう。

オンボーディング手法ではカバーしきれないような詳しい説明が必要な場合は、マニュアルへのリンクを設置するようにしましょう。

CHAPTER 4
UIを改善するヒント

よく使うものをアクセスしやすい場所に置く

14 | よく使う操作を手前に

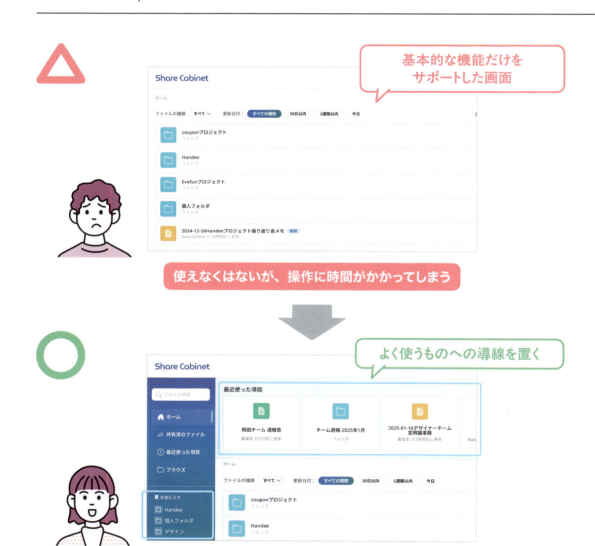

/ OVERVIEW /

特に日常的に利用するツールの場合、ユーザーが主に利用する機能や、利用するデータは決まっていることが多いです。皆さんがよく利用するチャットアプリでは、最近会話した人が上から順番に表示されるようになっています。これが50音順で並んでいるとどうでしょうか？ 毎回探す手間が発生してしまい、非常に使いにくく感じると思います。一覧の並び順が使いやすいものになっているかは注目しましょう。また、アプリによっては「最近使った項目」といったエリアを用意することも有用です。

POINT ベストなソート順になっているか考える

特に日常的に利用するツールでは、項目の並びが最近開いたものから順に並ぶようになっているか確認しましょう。トークアプリでは「最近の会話」が上から順に表示されるようになっています。

また、出前アプリなどでは、位置情報や配達先の住所によって、近隣のお店だけが表示されるように絞り込みがされています。

LINEアプリの例
トークアプリは最近の会話が先頭にくるようにする。

出前館アプリの例
ユーザーへのお勧めや条件に沿った近隣店舗が先頭に出る。

POINT ユーザーが自由に管理できるように

ファイル管理のアプリなどでは、ユーザーが自由にフォルダ構成を調整できます。「お気に入り」機能や「ピン留め」機能を用意することで、探す手間の削減につながります。

ファイル管理アプリの例

iPhoneのホーム画面

CHAPTER 4 UIを改善するヒント

視覚的に「どんな状態か」を表現する

15 | ステータスをわかりやすく

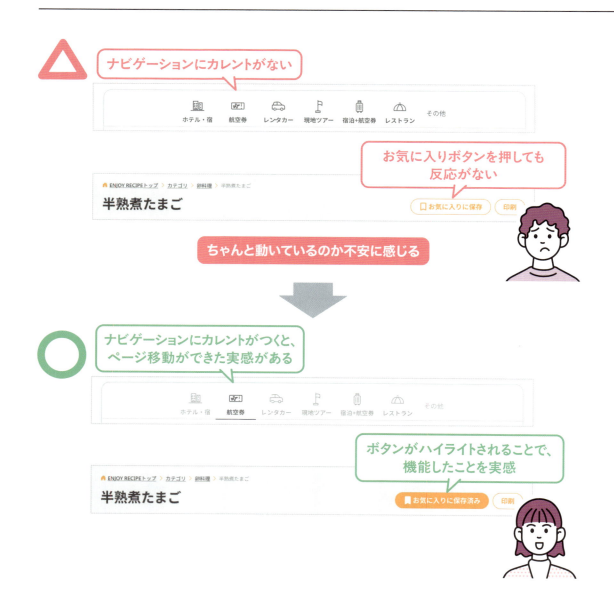

OVERVIEW

ナビゲーション、ボタン、入力欄、選択可能な項目など、画面上にある要素はさまざまな状態を持っています。操作に合わせて状態を変化させることで、ユーザーは自分の操作が想定どおりに進んでいることを実感できます。

「ナビゲーションを選んだら、そのページのメニューに色がつく」「ダウンロードを開始したら、プログレスバーが表示される」など、ユーザーの操作に合わせて必ず状態の変化がわかるようにしましょう。

POINT 状態には一貫性を持たせる

例えば、「押下できない、非活性の見た目」はアプリケーション内ですべて半透明にするなど、アプリ内で見せ方を揃えるようにしましょう。一貫性があることで、ユーザーはアプリの状態を学習しやすく、迷わず操作することができます。

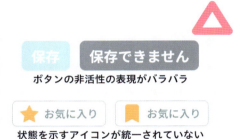

ボタンの非活性の表現がバラバラ

状態を示すアイコンが統一されていない

POINT 複数のステータスが成り立つように設計する

それぞれの要素についてどういう状態があるのかを考えながらパーツを作成していきます。通常時、オンマウス時、選択時などはアプリ制作でよく登場するステータスとなるので、どのようなパーツを作るときでも必要かどうか考えるようにしましょう。「お気に入り」など、ステータスが変わる仕様がある場合も検討が必要です。特にステータスが複数ある場合は、同時にステータスが発生しても成り立つかどうかなども考慮に入れながら、レイアウトや飾りの強弱を考えていく必要があります。

CHAPTER 4 UIを改善するヒント

ボタンや入力欄の操作体験を良くする

16 クリック範囲をわかりやすく

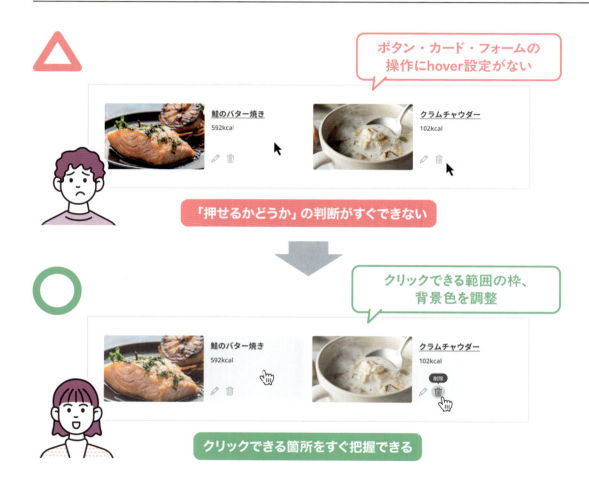

OVERVIEW

多くのアプリでは基本的に画面をクリック、タップして操作を行います。画面を用いるアプリケーションであれば避けては通れない基本操作であり、ユーザーは画面を見て、「どこが押せるか」「押すと何が起こるのか」を考えて操作をしています。オンマウスしたとき、入力欄にフォーカスしたときに、その操作の範囲がわかるように、見た目やインタラクションを調整することは非常に有効です。これらがうまく設定されていない場合や、一般的な挙動から離れてしまうと、ユーザーが操作に迷う原因にもなってしまいます。

POINT 文字だけのリンクは特に注意

文字だけがリンク範囲となっている場合、実はその周辺をクリック範囲としたほうが良い場合があります。テキストリンクはクリック範囲が小さく操作しにくいため、広げる余地があるか考えましょう。

特に表やカード型のレイアウトの場合は、クリック範囲が全体にできないか検討する。

POINT hover時にボタンや文字を出すようにする

ボタンや文字を非表示にしておき、hover時に表示するような方法も有効です。関連する操作範囲がわかりやすく、ユーザーは安心してボタンをクリックすることができます。

TIPS

適切なcursorを指定しよう

CSSの「cursor」を正しい見た目にすることで、ユーザーはオンマウス時に、その要素でどんな操作ができるのか、事前に想像することができます。

CHAPTER 4 UIを改善するヒント

ユーザーに画面の空間を正しく認識させる

17 有効なアニメーションをつける

POINT アニメーションは画面の空間の認識を助ける

メニューの開閉の動きやスライドショーの動きなど、UIにおいてアニメーションはなくても成立しないわけではありません。しかし、アニメーションを使わない場合、「突然現れた」「突然位置が変わった」と受け取られる場合があり、UIの評価を下げてしまいます。

アニメーションはそういった部分を補完できるため、ユーザーが画面の動きや画面全体の空間を把握しやすくなります。

アプリを触っていてユーザーがびっくりしないか、違和感を抱かないかを意識してアニメーションの追加を検討しましょう。

スライド下のドットの色とともに、横方向に画像が動くことでスライド枚数と位置が把握できる。

POINT アニメーションの指示は開発・実装フェーズで

アニメーションの実際の動きやスピードは、画面実装が進むまでわかりません。デザインフェーズでいくら検討しても、実際の画面の印象とは乖離が起きてしまうものです。アニメーション指示はHTMLなどフロント開発の画面作成時に、デザイナーが画面をチェックして指示をまとめていく方法がお勧めです。

デザイナーが開発者ツールでスピードを確認しつつ修正指示が出せると、より具体的に調整ができる。

OVERVIEW

アプリケーションは画面という平面の情報ですが、インタラクションを用いることで情報を掲載する空間を拡大できます。例えば、手前にウィンドウを重ねたり、スライドしてパーツを出現させれば、元の平面の画面上には収まらなかった情報を提示できます。しかし、情報が増える分、画面は複雑になります。そこで、アニメーションを用いるとユーザーの画面の情報や空間認識のサポートができます。特に、要素が隠れるときや移動するときは、アニメーションによって画面に何が起きたのかを認識しやすくなるため、有効な手段です。

POINT コンパクトなものを広げる

例えば、検索ボックスなど、普段はコンパクトに虫眼鏡のアイコンだけを置いておき、押下されたときに初めて検索ボックスが現れる場合、虫眼鏡のアイコンはそのままの大きさで検索ボックスの先頭のアイコンとして配置されるようにアニメーションさせます。

検索ボックスが、検索アイコンのボタンと同一の操作であることをユーザーに認知させることができます。

POINT 隠れているものを表示する

例えば、スマートフォンの下部に隠れている文字入力のパネルを表示する場合などにもアニメーションは活用されています。

「どこに隠れていたのか」がアニメーションによってわかりますし、そのときにもともと画面にあった要素も一緒に上方向に移動していることで、「突然画面がズレた」とユーザーがびっくりすることもありません。

このような画面の大半を占めるエリアを動かすときはアニメーションをつけて、ユーザーが操作の連続性を把握できるようにしましょう。

POINT ドラッグ操作、スワイプ操作と必ず動きを合わせる

　PCアプリでよく見るドラッグで並び替え／移動するようなパーツや、スマホのメールアプリなど指でスワイプして表示するメニューは、必ずそのポインターに合わせたアニメーションが必要です。

　ここにアニメーションがない場合、ドラッグやスワイプ操作の存在に気が付かず、ユーザーが便利な機能にたどり着けなくなってしまいます。

POINT 動きは双方向にする

　例えば、左から右方向にスライドしてきたパネルは、閉じるときには左方向に動かして隠すようにします。

　このように、表示するアニメーションと戻すアニメーションを双方向にすることで、ユーザーはパーツの関係性を理解でき、開閉や表示／非表示といった操作を安心して行えるようになります。

左から右方向に開くナビゲーション　　　　閉じるときは逆方向への動きをつける

POINT 気づきを与えるアニメーション

　人間は動くものを目で追ってしまいます。特に注目させたいものに対して、アニメーションをつけることで気づきを与えることができます。
例）
- 通知がきたときに受信箱をバウンドさせる
- チャットの入力中に動きのあるアイコンを用いる
- 完了メッセージトーストを表示する
- 注目させたい数字をカウントアップさせる

macOSのデスクトップ画面

Figmaでアニメーションを設定する

Figmaのプロトタイプ機能を使えば、簡易的にアニメーションを作成できます。実際の実装後に確認は必要ですが、大まかな方針の決定や、実装チームやクライアントとの認識のすり合わせに役立ちます。

☑ hoverの作り方

Figmaでボタンhoverを作るときは、ボタンをComponent化し、インタラクションでマウスオーバーで切り替えを設定します。

☑ 開閉メニューの作り方

サイドメニューが開いた状態と閉じた状態の画面を作り、画面を切り替えます。「スマートアニメート」を用いると開閉の動きもある程度再現できます。

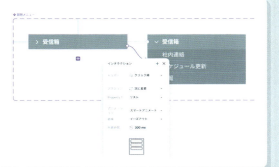

☑ ウィンドウ展開の作り方

フレームを別途用意し、「オーバーレイを開く」を設定します。
位置を「手動」とし、半透明のウィンドウを表示したい位置に移動します。

CHAPTER 4 UIを改善するヒント

不要な動き・遅い動きはユーザーのストレス

18 アニメーションは要所に絞り、速く動かす

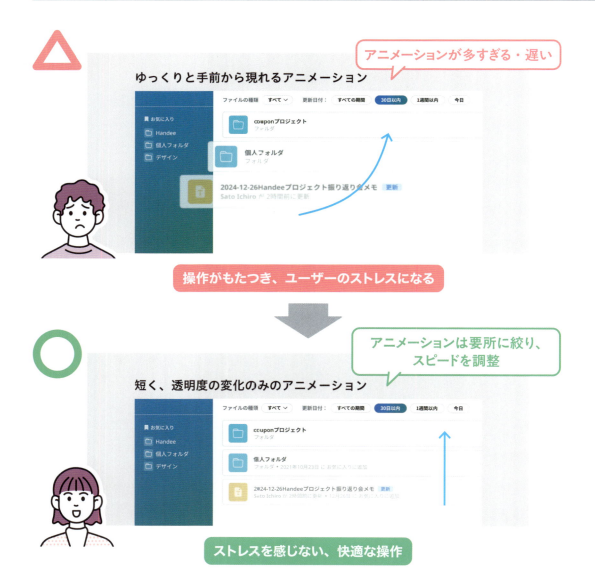

OVERVIEW

前節でアニメーションの有用性について解説しましたが、アニメーションはあればあるほど良い、というものではありません。アプリケーションにおいて、「速さ」は何よりも重要視することのひとつであり、動きの遅いアプリはユーザーにとって大きなストレスとなります。

アニメーションの速度を速めに調整したり、いっそアニメーションを無くして即時で動かしたりしたほうが良い体験になる場合も多くあります。実際に画面の開発を進めていく中で、快適な操作になるように調整を繰り返しましょう。

POINT アニメーションは 0.1〜0.3秒。長くても 0.5秒

よく広告系のサイトで表現するような飾りのアニメーションは、見栄えを重視することからゆっくり動かすこともありますが、アプリケーションでは素早い動きが求められます。

基本的には 0.1〜0.3秒程度で動くように設定し、機敏な動きを心がけましょう。

UIでの1秒のアニメーションは、ユーザーには遅いと感じられ、操作のストレスになる。

POINT アニメーションなしのほうが効果的な場合も

特にユーザーのWeb画面、アプリ画面に対するリテラシーが高い場合は、即時で表示してしまうほうが良い場合もあります。

実装済の画面を触りこみ、遅いと感じたら思い切ってアニメーションを切ることも考えましょう。

例えば、3点アイコンのメニューなどは、一般的にメニューが出ることが認知されており、展開／収納の動きをユーザーに説明せずとも伝わる、と考えられる。

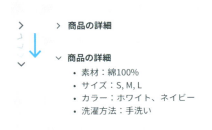

アコーディオン開閉の動きを即時にして、アイコンの回転だけをアニメーションにすることで、開閉の体験をユーザーに与えつつ、速い操作を実現。

Column デザイナーと開発者のコミュニケーション

アプリ開発において、デザイナーと開発者のコミュニケーションは不可欠です。デザイナーの意図どおりに実装できるか、開発者は実装方法を検討していきます。そして、開発の事情によっては、デザイナーが目指すベストなデザインが再現できないこととも多々あります。そういったときに、デザイナーと開発者間でしっかりと相談することが重要です。どこまで実現が可能なのかを一緒に考え、新しい案を提案したり、落とし所を探り、双方が納得いく形を目指しましょう。

✅ 実装相談の一例

イベントの来場者人数を集計するグラフを表示するツールをつくる

デザインデータの実装が可能か確認

　円グラフの周辺に数字、各凡例と値を表示するようなデザイナーのデザイン初稿。
　開発者は実装できるか調査する。

▼

実装方法を検討し、デザイン再現の可能な箇所、不可能な箇所をチェック

　開発者の実装調査の結果、グラフ描画にはJavaScriptのライブラリを活用したほうが楽に実装でき、自前で作るよりもクオリティを高められると判明。
　その場合、ライブラリの仕様をベースにするため、すべての凡例同時表示は難易度が高そう。しかし、オンマウスで1個ずつウィンドウで表示するようなインタラクションは実現可能なため、デザイナーにその形で許容できるか相談する。

▼

双方が納得できる案に調整し、完成！

　デザイナーは、開発者から提案されたウィンドウ案の方針でデザインを再検討。インタラクションの動きがより際立つように、オンマウスしていないものを非活性にするなど、デザインを調整。
　その後もやりとりを重ね、開発者、デザイナー双方が納得する形のグラフが完成！

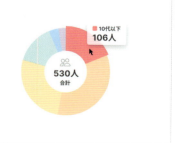

CHAPTER

5

レイアウトを
改善する
ヒント

画面上にパーツや情報を配置するときのコツや、
画面スクロール時のテクニックなどを解説します。

CHAPTER 5
レイアウトを
改善するヒント

大画面を生かしたレイアウト

01 デスクトップアプリの
ページレイアウト

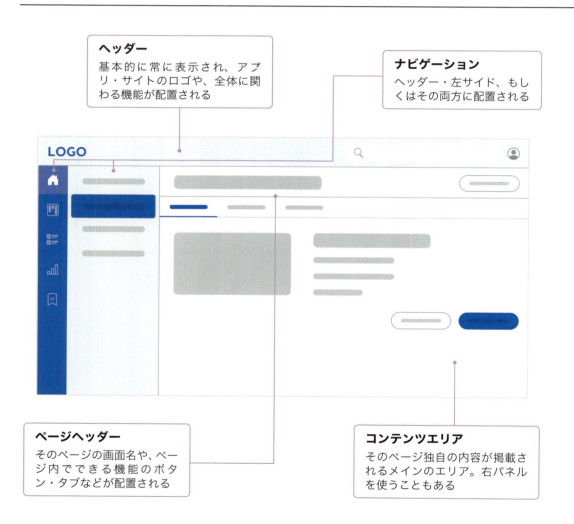

ヘッダー
基本的に常に表示され、アプリ・サイトのロゴや、全体に関わる機能が配置される

ナビゲーション
ヘッダー・左サイド、もしくはその両方に配置される

ページヘッダー
そのページの画面名や、ページ内でできる機能のボタン・タブなどが配置される

コンテンツエリア
そのページ独自の内容が掲載されるメインのエリア。右パネルを使うこともある

OVERVIEW

　アプリケーションによって最適なレイアウトはさまざまですが、どんなアプリでも共通して使える、基本となるレイアウトがあります。
　基本のレイアウトを頭に入れたうえで、そのアプリ、そのサイトで最適なレイアウトになるようにブラッシュアップしていくと、検討も進めやすいです。デスクトップアプリは画面が大きく、特に横幅が広いため、画面を左右に分割したレイアウトなども検討できます。
　また、マウスやトラックパッドを使うことが前提となり、マウスカーソルで操作しやすいレイアウトが求められます。

POINT　すべてのページで一貫性を持たせることが重要

　アプリ内のレイアウトを一貫性を持って揃えることで、ユーザーは都度学習の必要がなく、他の画面の経験からアプリを使うことができます。一般的に世の中に広まっているアプリの配置に揃えることも有効なレイアウト手法です。

ひとつのアプリ内で複数の機能がある場合でも、基本のレイアウトを揃えておく。
ユーザーは初めて見る画面でも迷いにくく、他の画面の経験を頼りに操作することができる。

POINT　コンテンツエリアは2カラムで副次的な情報を掲載できる

　デスクトップアプリの横幅が広いレイアウトでは、2カラム、3カラムのレイアウトも可能です。その場合でも、画面ごとのメインコンテンツは大きく配置し、主体となるエリアと副次的な情報のエリアの強弱がユーザーに伝わるようにしましょう。

CHAPTER 5
レイアウトを改善するヒント

レスポンシブを考慮したレイアウト

02 モバイルアプリのページレイアウト

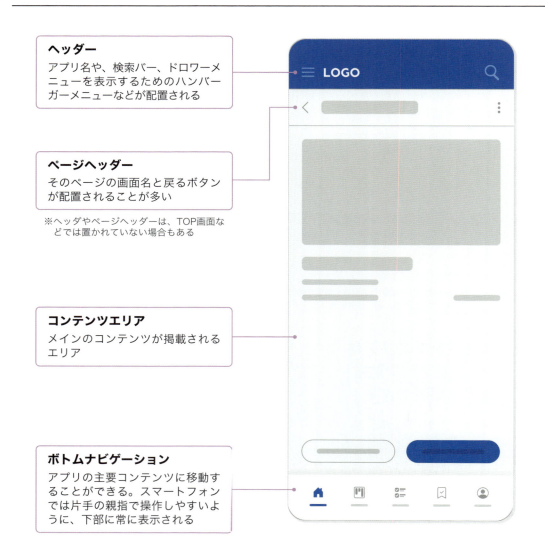

ヘッダー
アプリ名や、検索バー、ドロワーメニューを表示するためのハンバーガーメニューなどが配置される

ページヘッダー
そのページの画面名と戻るボタンが配置されることが多い

※ヘッダやページヘッダーは、TOP画面などでは置かれていない場合もある

コンテンツエリア
メインのコンテンツが掲載されるエリア

ボトムナビゲーション
アプリの主要コンテンツに移動することができる。スマートフォンでは片手の親指で操作しやすいように、下部に常に表示される

OVERVIEW

PCのデスクトップアプリと同様に、スマートフォンなどのモバイルアプリでも基本となるレイアウトは決まっています。こちらもすべてのページで一貫性を持たせることで、使い勝手を良くすることができます。モバイルアプリは画面が小さい分多くの情報を載せることができないため、通常1カラムのレイアウトになります。複雑な操作は避けるようにし、シンプルな情報・UIの配置を心がけましょう。また、端末によって画面幅が異なるため、ウィンドウ幅に応じたレスポンシブデザインの設計が必要となります。

POINT 操作をシンプルに。基本は1カラム

モバイルアプリは横幅が狭いため、カラムを分けるレイアウトは不向きです。基本的に1カラムにし、縦方向のスクロールで情報を確認しやすい構造にしましょう。

POINT 幅いっぱいに要素を広げる、フルードレイアウト

固定の幅を指定せず、幅いっぱいに要素を広げるようにしましょう。どんなデバイスのサイズでも、要素を大きく見せることができます。

ボタンや入力欄のエリアも大きくでき、指でのタップ操作もしやすくなります。

CHAPTER 5　レイアウトを改善するヒント

どこから操作を始めるべきか悩まないように

03 画面に情報を詰め込みすぎない

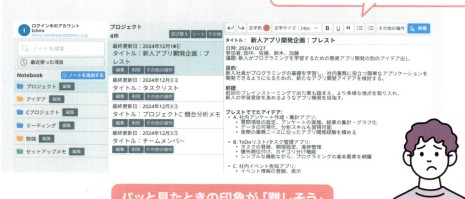

画面の情報量が多く、ユーザーが操作に悩んでしまう

パッと見たときの印象が「難しそう」

画面がすっきりし、操作すべき箇所がわかる

余白を大きく　　ボタンの数を減らす

OVERVIEW

画面をパッと見たときの印象で、情報量が多ければ多いほど、ユーザーはどこを見るべきか、どこから操作を始めるべきか悩んでしまいます。

特にWebやアプリに慣れていないユーザーに対しては、画面の情報量を極力抑えて、すっきりとした画面を目指しましょう。具体的には、余白を大きくしたり、文字サイズにメリハリをつけたり、ボタンの数を減らしたりすることが有効です。

POINT 余白を大きく、文字にメリハリを

アプリのUIにおいて、「簡単な印象」を与えるのに最も有効な手段のひとつです。

POINT ボタンは少なく、主要な操作はなるべくひとつに

目に入る主要な操作はなるべく少なくなるように工夫しましょう。登録ステップなどは1画面で一気に入力させようとせず、画面を分割することでより簡単な印象にすることができます。

ahamoの申し込み画面

TIPS 余白が小さいほうが良いパターン

余白は必ずしも大きなほうが良いわけではありません。余白を小さくすると、その分多くの情報を画面に表示できるというメリットがあります。PCの扱いに慣れている人など、業務利用のアプリの場合は、難しい印象であっても情報量が多いほうが使い勝手が良くなる場合があり、その際は余白を減らす必要があります。

例えば、データを扱うツールの場合、画面内に多くの情報量があったほうが、業務効率化につながることもある。

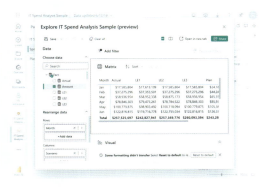

CHAPTER 5 レイアウトを改善するヒント

ユーザーの視線は左上から右下に移っていく

04 視線の流れに沿う

視線誘導の流れにコンテンツが置かれていない

見る順番がわからず、読み飛ばしてしまうことも

Z型の流れでコンテンツが置かれている

自然な視線の流れで、ストレスなく情報を確実にチェックできる

OVERVIEW

　Webやアプリのコンテンツを見る際、ユーザーの視線は左上から右下に移っていきます。この視線誘導の法則を利用することで、ユーザーの目線上にコンテンツを配置し、ユーザーの注意を集めやすくすることができます。

　適切な視線誘導はユーザーが効率的に画面の情報を取得できるため、直感的に操作でき、アプリの使い方を簡単に覚えられます。アプリでは多くがZ型、F型の視線誘導で構成されています。

POINT　Z型

　ユーザーの視線がアルファベットの「Z」のように、左上→右上→左下→右下の順に進むパターンです。アプリではタイトルやメニューを左上、決定系のアクションボタンを右下に置くようにします。

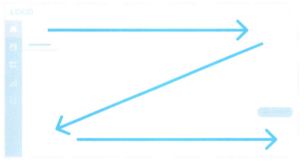

「削除」など、ネガティブなボタンは、
あえて左下に置いて印象を薄めることもある。

POINT　F型

　ユーザーの視線がアルファベットの「F」のように移動するパターンです。サイドナビゲーションが置かれている画面や、SNSなどでよく使われます。下にいくほど読み飛ばされるようになります。

読み飛ばされないよう、
重要なものはリスト先頭に配置する。

CHAPTER 5 レイアウトを改善するヒント

情報のグループ化と優先順位づけ

05 画面のグループ分けと情報の精査

グループ化、優先順位づけがされていない

強弱がなく、どの情報も等しく感じてしまう

グループ化し、優先順位をつけた場合

重要な項目が目に入る

読み飛ばしてもよい情報が判断しやすい

OVERVIEW

情報を同じ強さで並べてしまうと、ユーザーは見るべきポイントがわからず、読み飛ばしてしまったり、正しく情報が伝わらなかったりします。複数の項目があるときは必ず優先順位をつけ、どの情報がユーザーに取得してほしい情報なのかを考えて強弱をつけるようにします。情報はグループ化し、近しい情報をまとめることで、伝わりやすい画面にすることができます。

POINT グループ化で項目をまとめる

項目は関連のあるものを近くに置くことで、ユーザーの理解を助けます。下記のオンライン講座の例では、「講座の内容」「講座の付加情報」「ログインユーザーの情報」と分類できそうです。

この分類に沿って、似た内容の項目を近くに配置するようにレイアウトを調整します。

このように項目はグループ化をすることで、理解しやすい画面にしていくことができます。

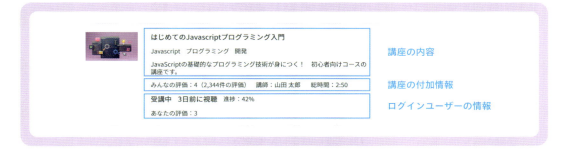

POINT 優先順位を決めて、強弱をつける

項目をまとめたら、強弱をつけます。優先順位はアプリの目的によって異なります。今回のオンライン講座の例では、下図のようになると考え、ざっくりと優先順位をつけています。この優先順位に沿って、文字サイズや配置の調整、色の変更、ラベルの削除、図やアイコンの追加などを考えていきます。

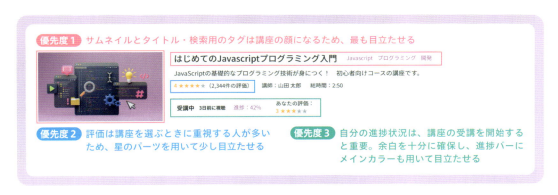

CHAPTER 5　レイアウトを改善するヒント

視覚的に要素を分ける・グループ化する手法

06 余白と罫線

/ OVERVIEW /

情報をグループ化する際に意識したいのが「余白」です。要素と要素の間に十分な余白があることで、ユーザーは視覚的に別々のグループであると認識します。罫線を用いると、よりわかりやすくグループ化することができます。

ただし、罫線は画面を複雑に見せてしまうというデメリットもあり、使いすぎには注意が必要です。余白と罫線の使いどころを理解し、それぞれをバランスよく画面に用いましょう。

POINT 余白を罫線の代わりに

余白を用いることでUIをすっきりと見せ、ユーザーが認知する労力を軽減することができます。特に一覧やメニュー、テーブルなどで効果を発揮します。

POINT 罫線の使いどころ

罫線は、情報のまとまりを視覚的に区別したいときや、画面の構造をわかりやすくしたいときに活用すると効果的です。特に、大きな項目を区切る場合に役立ちます。余白ばかりの画面はかえって情報の区切りがわかりにくくなるため、罫線と余白をバランスよく使うことが重要です。

大きな項目を区切るときは罫線を活用する。

POINT グレーのエリアを使う

余白と罫線の間の選択肢として、グレーの背景色のエリアを使うという方法があります。

罫線ほど強く分割する印象にはならず、余白があまりとれない狭いエリアでも使いやすいグループ化手法です。

115

CHAPTER 5 レイアウトを改善するヒント

人間が読みやすい文字量を意識する

07 テキストは画面幅いっぱいにしない

文字量が多いとき、横方向に長いと読みにくい

長いテキストはユーザーを退屈させてしまう

最大の幅を決め、改行させる

同じ文字量でも、読みやすい印象に

OVERVIEW

媒体やフォントサイズにもよりますが、一行あたりの読みやすい文字数は20〜30文字程度と言われており、多くても40文字程度とされています。文字量が多くなる場合は、余白やレイアウトの調整などを行って、横幅を制限し、適度に改行が発生するように調整しましょう。

紙媒体であれば段組みも使えるのですが、Webサイトではスクロール操作もあるため、一般的には段組みは使いません。

POINT コンテンツ幅で改行位置を調整する

PC画面は端末のウィンドウが大きいため、コンテンツの幅にテキストが長く入ってしまいます。ログイン画面など、ある程度左右の余白に自由のきく画面であればコンテンツ幅を調整しましょう。

コンテンツ幅を狭めに設定する。

POINT \
タグでの改行も意識する

HTMLの場合、\
タグを用いて、テキストの改行位置を開発側が自由に調整できます。メールの文章を作るときのように、読みにくいと感じたら、改行を入れて読みやすくなるようにしましょう。

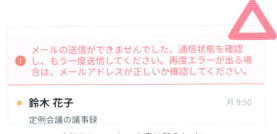

改行されていない文章は読みにくい。
適切に改行を入れるようにする。

TIPS スマートフォン・レスポンシブ対応の場合

モバイルアプリの場合は端末のウィンドウ幅が狭いため、コンテンツ幅によって読みにくさを感じることはほとんどありません。
ただし、PC幅のときに\
で改行していた箇所が予期せぬ場所で改行されている場合があるので、レスポンシブ対応時は改行位置を確認して調整するようにしましょう。

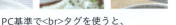

PC基準で\
タグを使うと、
変な位置で改行が入ってしまうことがある。

CHAPTER 5
レイアウトを
改善するヒント

ウィンドウ幅によって表示方法を変える

08 画面サイズが小さいときを考慮する

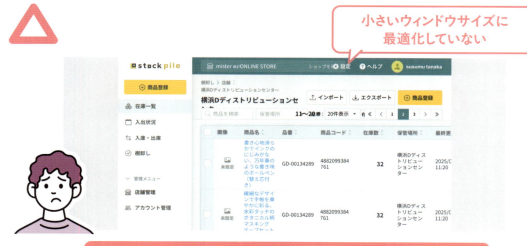

小さいウィンドウサイズに最適化していない

画面に要素が収まりきらなかったり、意図しない改行が発生すると、見栄えも使い勝手も悪くなってしまう

小さいサイズに最適化

文言を省略したり、ボタンをメニューに格納したりすることで小さい画面でも見やすくなる

OVERVIEW

特にデスクトップアプリでは、人によってディスプレイのサイズも異なり、画面上に表示するウィンドウサイズもさまざまです。小さいウィンドウサイズのとき、表示したかった項目が入りきらない、ということが起こり得ます。どんなウィンドウサイズでも操作感が変わらないことがベストではありますが、現実的ではありません。ウィンドウサイズに合わせて、省略表示をしたり、ボタンの大きさを変えたりといった調整が必要です。

また、PCとスマートフォンの両方の表示を考える必要のあるレスポンシブデザインでは、そもそも操作方法が異なるため、大胆な変更も必要になってきます。

POINT 文言を省略する、優先度の低いものを非表示にする

最初のほうの文字さえ読めれば、省略されても使い勝手には問題ないことが多いです。改行すると違和感が出てしまう場合は、文字を削りましょう。

なくなってもアプリとして困らないものは思い切って非表示にするのも手です。画面の見やすさを優先し、情報を削ることも考えましょう。

省略した場合、カーソルを合わせることで、ツールチップで文字をすべて表示すると親切。

POINT ボタンはドロップダウンメニューに格納する

ボタンが複数並ぶ箇所は特に、小さいウィンドウサイズのときに表示崩れが起こってしまいます。ウィンドウ幅が狭いときはドロップダウンメニューに切り替えることで、表示エリアを確実に節約できます。

TIPS スマートフォン・レスポンシブ対応の場合

モバイルアプリの場合はそもそも操作方法が異なるため、ナビゲーションはドロワーメニューにして、表組みは縦に並べるなどの大幅な変更が必要です。

3点メニューのボタン1個で、複数のボタンをまとめることができる。

ナビゲーションはドロワーにし、必要なときだけ表示するなどの変更を行う。

CHAPTER 5 レイアウトを改善するヒント

文字量が変わっても成り立つレイアウト

09 多言語化を考慮する

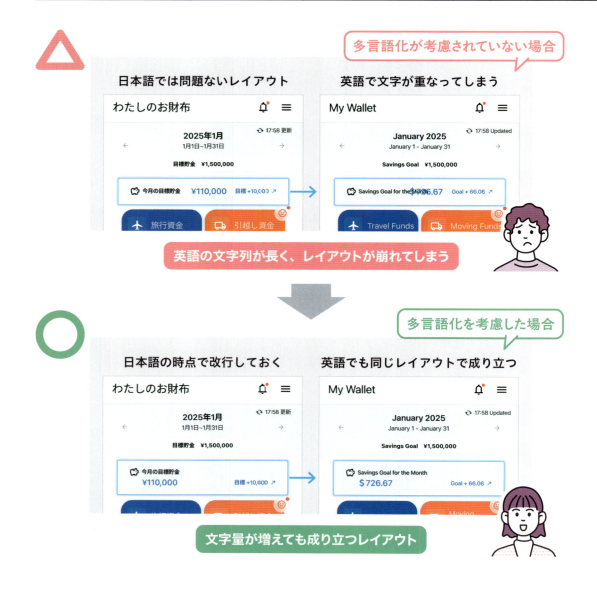

/ OVERVIEW /

アプリケーションを作る際、日本だけで展開するとは限りません。海外で展開する場合は、日本語以外の言語を使うことを考えておく必要があります。日本語は漢字を用いるため、比較的文字数が少なくなる言語です。一方で英語などはアルファベットを用いることから、同じ意味合いでも長めの文字列となることが多いです。例えばボタンに長い文字列が入ったとき、ボタンは横に長く伸びるのか、文字を改行して表示するのか、といった調整を画面のあらゆる箇所で検討する必要があります。どんな言語でも成り立つような設計が重要です。

POINT 文字量が増えても大丈夫なように、余白を空けておく

特に横並びの要素で、幅いっぱいに要素を詰めないように気をつけましょう。もし文字が増えて画面幅よりも広がってしまったときに、どのように改行するのか、省略する部分はあるかなどをあらかじめ考えておきましょう。

POINT アイコンボタンを利用すると多言語対応時にレイアウトが崩れにくい

ボタンを置く際、アイコンボタンにしておくと、文字が画面に表示されない分、レイアウトの崩れを回避できます。PCであればオンマウス時にツールチップで文字も補足できます。

TIPS 行間と字間の最適解は言語によって異なる

日本語と英語で、綺麗に見える行間や字間の値は異なります。日本語は少し字間を詰めたほうが読みやすいですが、英語は広げたほうが綺麗に見えます。

日本語本文の一例
letter-spacing: -0.4px;

 いい調子です！順調に目標に向かって貯金ができていますね。
もっと高い目標が実現できそうです。旅行先をグレードアップしませんか？

英語本文の一例
letter-spacing: -0.1px;

You are in good shape! You are well on your way to saving towards your goals.
It looks like you can achieve higher goals. Why don't you upgrade your travel destinations?

CHAPTER 5 レイアウトを改善するヒント

一覧画面（コレクション）の表現方法

10 一覧を見やすくする

単に情報を並べただけの強弱のない一覧

必要な情報は揃っているが、強弱がなく、見るべき項目がわかりにくい

項目に強弱をつけ、一覧を見やすく

見出しの文字は大きく　　横並びにせず、配置を工夫する

OVERVIEW

旅行アプリの「宿泊先一覧」、会計アプリの「明細一覧」、SNSの「ユーザー一覧」などを、アプリケーションの「一覧画面（コレクション）」といいます。一覧画面（コレクション）と詳細画面（シングル）はセットで扱われます。一覧は単純に情報を並べるだけでなく、並ぶ項目に応じて最適な見た目やレイアウトを検討するべきです。例えば「宿泊先一覧」では、写真を大きく見せるような形にすべきですし、「明細一覧」ではExcelの表組みのような形のほうが使いやすいはずです。一覧画面のさまざまなパターンを、メリット・デメリットを整理して紹介・解説します。

POINT 全部の情報は出さなくてよい

一覧には情報をすべて詰め込むべきではありません。ユーザーが対象を判断できる情報があれば十分です。すべての情報は先の詳細画面などで記載するようにし、一覧上の情報が多くなりすぎないようにしましょう。

POINT 横並び以外のレイアウトも考える

一覧を作るとき、単純にもともとのデータが持つ情報を入れると、表の形式になってしまいがちです。表形式で情報を横方向に並べるだけでなく、カード型にして情報も上下に強弱をつけて並べるなど、他のレイアウトができないか検討しましょう。

POINT 一覧上に置くボタンを隠す

一覧すべてにボタンが並ぶと画面が複雑に見えるため、普段は隠し、オンマウス時にだけ表示することで、画面をすっきり見せることができます。

特にボタンが多い場合や、情報を読むことが重要なアプリで有効な手法です。

POINT 一覧画面のパターン

一覧のさまざまなパターンを紹介します。

▶ リストバー型

一覧のアイテム1枚の中を自由なレイアウトで配置するパターンです。情報に強弱をつけやすく、カスタマイズ性が高いのが特徴です。ユーザーが一覧で見たい情報に絞って表示することができます。

デメリットは少なく、迷ったらこの形式がお勧めです。

▶ テーブル型

表組みで一覧を作るパターンです。列名の部分を使ってテーブルのソート機能を持たせるなど、表組みらしい機能を盛り込むことができます。一方でカスタマイズ性は低く、情報が単調に見えてしまいがちです。

会計明細や統計データなど、一覧性が重要で、情報を比較しながら閲覧したい用途に向いています。

▶ カード型

カードを並べるようなレイアウトのパターンです。ECサイトや料理アプリなど、特に写真のサムネイルを一覧で大きく見せたいときに使います。横並びで表示でき、縦並びの一覧よりも数を多く配置できます。文字情報を多く表示させることができないというデメリットもあります。

POINT　一覧と詳細を同時に表示するパターン

　一覧画面（コレクション）と詳細画面（シングル）はセットで扱われます。基本的には一覧の下層ページに詳細があり、そこですべての情報が表示されます。

　PCのデスクトップアプリの場合は画面領域が広いため、画面を分割して、一覧画面と詳細画面をセットで表示することがあります。代表的な例として、メールアプリが挙げられます。画面遷移を伴わず、一覧に並ぶ情報を次々と切り替えることができるため、連続して確認を行うアプリケーションに向いています。

▶ 左右分割型

　左右分割し、左側の一覧を選択すると、右側の詳細が切り替わるパターンです。

▶ 上下分割型

　モバイルアプリでは一覧と詳細が同時に表示されることは少ないですが、このパターンが使われることもあります。

▶ ミニウィンドウ型

　一覧をクリック（オンマウス）すると、詳細がウィンドウで表示されるパターンです。

CHAPTER 5 レイアウトを改善するヒント

詳細画面（シングル）はページ、右パネル、ウィンドウを使い分ける

11 詳細画面の表示パターン

POINT 詳細を1ページにする場合

最も基本の形で、詳細画面だけに操作を集中させることができます。画面全体を使うことができるため、多くの情報を掲載できます。

旅行アプリ、料理アプリなど、写真をダイナミックに使ったり、複雑なコンテンツを含むような場合はこの形式がお勧めです。

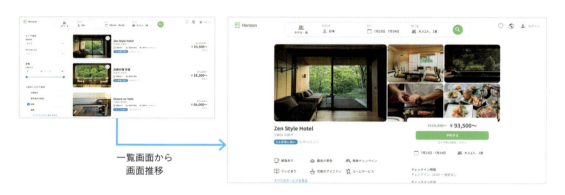

一覧画面から画面推移

メリット
- 詳細画面だけに操作を集中できる
- 広い画面を使い、多くの情報が掲載できる
- 固定のURLから直接リンクさせやすい

デメリット
- 必ず画面遷移を伴うため、複数の詳細画面を確認する作業が難しい

TIPS 詳細画面の表示パターンは共存も可能

詳細が1ページとして用意されていても、右パネルやモーダルウィンドウパターンを同時に利用することができます。詳細ページに移動する前に、事前に少しだけ情報を確認するという使い方も可能です。

詳細画面ではじっくりと集中して操作、右パネルはプレビューのような簡易確認、のように使い分ける

OVERVIEW

多くの場合、一覧画面（コレクション）で並んでいるアイテムをクリックすると、詳細画面（シングル）が表示されます。例えば、旅行アプリの「宿泊先一覧」で宿泊先を選択すると、宿泊先のさらに詳細な情報や多くの写真を見ることができ、予約などの細かい操作に進むことができます。詳細画面は画面として作成することもあれば、モーダルウィンドウで表示するパターンや右パネルで表示するパターンもあり、そのメリット・デメリットはさまざまです。

POINT 詳細を右パネルにする場合

一覧を押下すると右側のパネルが切り替わります。次々と切り替えながら操作ができ、連続して閲覧するような、メールなどのアプリで特に向いている形式です。

メリット
- 連続して閲覧するような操作がしやすい
- 画面遷移を伴わないため、操作が快適に感じる

デメリット
- エリアが小さく、複雑なコンテンツを置けない
- モバイルアプリでは画面が小さく、採用できない
- 固定のURLからのリンクが実装しにくい

POINT 詳細をモーダルウィンドウにする場合

詳細情報をモーダルウィンドウで表示します。画面遷移を伴わないため、一覧に簡単に戻ってくることができ、気軽に開くことができます。

メリット
- 画面遷移を伴わないため、一覧に簡単に戻れる
- 気軽な操作感

デメリット
- 簡単にウィンドウを閉じることができてしまうため、複雑な操作には向いていない
- 固定のURLからのリンクが実装しにくい

CHAPTER 5
レイアウトを改善するヒント

正しいスクロール設定で操作感を快適に

12 | スクロール範囲のコツ

> スクロールの挙動が考慮されていない画面

> ヘッダーなど、固定されたほうがよいパーツが固定されていない

> 右端のスクロールバーで画面全体がスクロールされてしまう

> スクロールを考慮した設計の画面

> ヘッダー部分が固定されており、よく使う操作にアクセスしやすい

> カラムごとにスクロール範囲が分かれている

OVERVIEW

PCやスマホなどのディスプレイを使ったアプリでは、画面内でのスクロールは必ず検討が必要です。スクロールは便利ですが、置き方によっては、かえって使いにくくなってしまう場合もあります。また、スクロールの範囲はアプリ全体のルールとなることも多いため、アプリの使い勝手を決める非常に重要なポイントです。スクロールの領域をユーザーにわかりやすく伝えること、不要なスクロールを設定しないこと、スクロールさせず固定させる領域を作ることなど、気をつけるべきポイントを紹介します。

POINT スクロール範囲を区切り線などで明確にする

通常、スクロールするエリアはひとつですが、デスクトップアプリで画面上でエリアを分割している場合など、複数箇所にスクロールエリアを配置することがあります。

その際、スクロールする領域がわかりやすくなるように、区切り線やドロップシャドウを追加して、範囲がわかりやすくなるようにしましょう。

特に上下で分ける場合、エリアの境界で範囲に収まりきらない要素が見切れるため、明確な範囲を示すためにも境界線となる罫線を表示することをお勧めします。

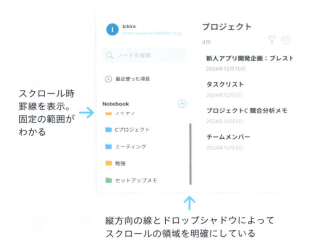

スクロール時罫線を表示。固定の範囲がわかる

縦方向の線とドロップシャドウによってスクロールの領域を明確にしている

POINT サイドナビゲーションは別スクロールに

サイドナビゲーションを配置するとき、本体のコンテンツと一緒にスクロールしてしまうと、ナビゲーションが途中から消えてしまいます。

ナビゲーションには別でスクロールバーを用意し、それぞれスクロールできるようにしましょう。

スクロールバーをそれぞれ用意する

POINT スクロール領域の中に別のスクロール領域を
なるべく作らない

スクロールエリアは工夫すればどこにでも配置することができますが、多用は禁物です。

スクロールエリアが二重だと、マウスホイール操作の途中でスクロールが止まるようになるなど、挙動に違和感が出てしまうことがあります。また、領域も狭くなりがちです。どうしてもスクロールを二重にしなければならない状況もありますが、レイアウトを工夫することで二重スクロールを回避できないか考えてみるとよいでしょう。

本体のスクロールと干渉し、マウスホイールでの操作がしにくくなる

スクロールのエリアが分かれるため、マウスホイール操作の邪魔をしない

POINT スクロールを固定する

以下のようなパーツはスクロールさせず、固定することを推奨します。固定することで常にユーザーの目に入れることができます。多用される操作や、確認の機会が多い情報などは固定するようにしましょう。ただし、固定するとスクロールできる領域を圧迫してしまうため、やりすぎには注意が必要です。

▶ ヘッダー

アプリの名前や検索ボックスなどが置かれるため、いつでもアクセスできるようにしたい領域です。

▶ ページヘッダー

そのページの名前やページ内の操作ボタンなどが置かれます。

▶ タブ、ナビゲーション

タブやナビゲーションは固定表示することで、画面の横移動がしやすくなります。

▶ 下部の操作ボタン

モーダルウィンドウなどで、常に画面上に表示しておくと、いつでも押すことができるため、操作の負荷を下げることができます。

▶ 編集ツールのエリアのボタン

編集ツールのボタンは固定し、操作の反映を確認しつつ作業できるようにしておく必要があります。

POINT スクロールバーの見た目を調整する

　PCデスクトップアプリでは、スクロールバーの見た目も調整するようにしましょう。ブラウザ標準のデフォルトの見た目だと、大きすぎたりアプリの印象に合わないことがあります。アプリの文字の大きさや余白に合わせて、自然な見た目にし、印象を良くしましょう。

POINT 横スクロールの使いどころ

基本的にはディスプレイは縦方向でのスクロールを使う場面が多く、横スクロールは頻繁には登場しません。トラックパッドの場合は横方向のスクロールも簡単に行えますが、マウス操作の場合はスクロールバーをつかむ必要があるなど、マウスホイールが使える縦スクロールより操作しにくいパーツであると認識し、使いどころは考えるようにしましょう。使い方によっては、横スクロールによって操作感をよくできたり、レイアウトを節約できることもあります。特にモバイルアプリでは横スクロールの操作はスワイプで簡単に行えるため、積極的に使いましょう。

モバイルアプリでは横スクロールでカードを並べることがあります。

縦方向のエリアを節約して見せることができ、多くのコンテンツを見せることができるため、有効な方法です。

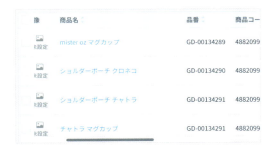

テーブル（表）はなるべく横スクロールが発生しないように列数を調整すべきですが、ウィンドウ幅によってはどうしても収まりきらないことがあります。その場合は横スクロールを利用します。PC画面の場合は必ずスクロールバーを下部に固定表示して、いつでも横スクロールバーを操作できるようにしてください。

描画系のアプリでは、縦方向・横方向の両方にスクロールします。縦方向・横方向の現在位置がわかるようにスクロールバーを配置します。

地図アプリやホワイトボードツールのように、エリアが広大な場合は、ドラッグ操作によって位置移動ができるようにするとより操作性が向上します。

ホワイトボードツールの例（FigJam）

POINT スクロールを促す

　スクロールできる領域かどうかは、画面を見たときに一目でわかるようにしましょう。

　特に要素をエリアの端で見切れさせておくことで、ユーザーにスクロールを促すことができます。わかりにくい場合は文字や矢印で補足してもよいでしょう。

POINT スクロールを使わないほうがいいパーツ

スクロールさせることでアプリ全体が使いにくくなる場合は、スクロール以外の手段で実現できないか、代案を考えましょう。スライダー、省略表示など、さまざまな回避手段があります。

CHAPTER 5　レイアウトを改善するヒント

一目で別種類の画面とわかるように

13 管理・設定画面専用のレイアウトを用意する

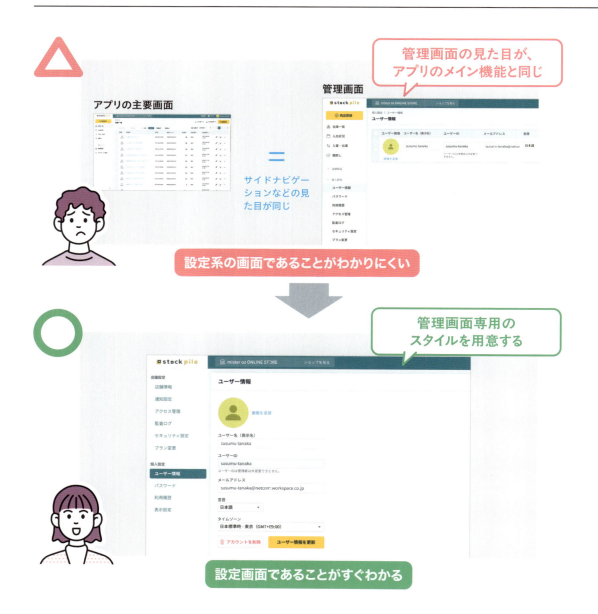

OVERVIEW

多くのアプリケーションでは「設定画面」「管理画面」が存在します。これらの画面はアプリの本体機能とは異なり、裏側の設定を行う場所です。開発現場では、管理画面のデザインまで考えられておらず、同じ見た目になってしまうことが多々あります。画面を見たユーザーが「アプリの表側」なのか「裏側の設定画面なのか」が一目でわかるような、管理画面専用のスタイルを用意しましょう。

POINT 設定・管理画面はメイン機能とは別物。 特に管理画面は別サイトであると考える

下図のサイトマップの赤枠のページは、アプリのメイン機能とは異なります。ある程度の統一感は必要ですが、メイン機能と別の見た目や導線にすることで混乱しにくくなります。

特に管理画面は利用ユーザーも異なるという点に注意し、別サイトであると考えて設計してください。

在庫管理アプリのサイトマップの例

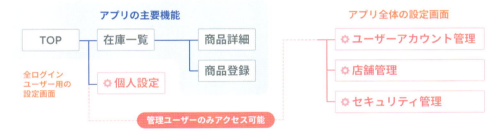

POINT 管理画面の定番のデザインパターン

サイドナビゲーションで設定項目を分割することで、ユーザーも機能を探しやすくなる。

モバイルアプリでは、カテゴリの一覧があり、設定の詳細画面に遷移させる。

≫ Column　Auto Layoutを活用 実装に沿ったFigmaデータ制作

「Auto Layout」は余白や配置方法を設定すると、自動でレイアウトやサイズの調整を行ってくれるFigmaの便利機能です。正しく設定することで、デザイン作業時のレイアウトの手間が大幅に削減されます。さらに「Auto Layout」を使うとCSSでいう「display: flex」「padding」をデザインデータ上で指定でき、マークアップエンジニアがCSSの実装方法を検討しやすくなります。「Auto Layout」で作成したレイアウトはHTML・CSSで再現しやすいため、「このデザインをどう実装すればよいのか」とエンジニアが悩むことが減り、デザイナーとエンジニア間のコミュニケーションもスムーズになります。

Auto Layoutの設定方法

複数のオブジェクトを選択して、Figma右パネルのこのアイコンをクリックする。

☑ Auto Layoutの作例

Auto Layoutで縦並びのメニューを作る

　以下のようなメリットがあります
- 文字が増えて改行したときに、後続のメニューの位置が調整され、レイアウトが崩れない
- 横方向に拡大したときに、テキストは左寄せ、矢印は右寄せという配置を維持できる
- 「Ctrl + C」「Ctrl + V」などの簡単なコピー＆ペースト操作で行追加が可能になる
- キーボードの「↑」「↓」で簡単に順番の入れ替えができる

メニュー単体
に指定するAuto Layout

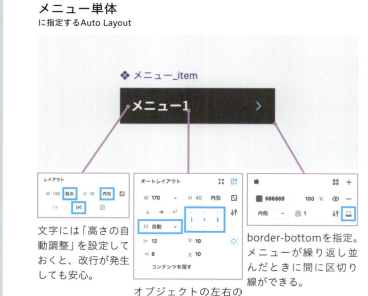

文字には「高さの自動調整」を設定しておくと、改行が発生しても安心。

オブジェクトの左右の間隔は「自動」にし、横方向の拡縮調整をしやすくする。

border-bottomを指定。メニューが繰り返し並んだときに間に区切り線ができる。

メニュー一覧
に指定するAuto Layout

縦方向を指定。メニューを縦に並べることができる

CHAPTER

6

パーツを改善する
ヒント

ヘッダーやナビゲーション、ボタンやテキストを入力
するインプットフォームなど、アプリのデザインはさ
まざまなパーツの集合で出来上がっています。
パーツごとにより良い UI を実現するためのテクニッ
クを紹介します。

CHAPTER 6 パーツを改善するヒント

サイト、アプリの主要な画面や機能を切り替えるパーツ

01 PCアプリのナビゲーション

● ヘッダーナビゲーション

● サイドナビゲーション

　ナビゲーションはヘッダーもしくは左サイドに配置し、アプリケーションの主要な機能を切り替える役割を持ちます。ヘッダーに置くナビゲーションは一般的な消費者向けのECサイトなど、レスポンシブ設計のサイトでよく利用されます。最も目に入りやすく、誰にでも扱いやすいナビゲーションです。サイドナビゲーションはチャットツールをはじめとした業務系のアプリケーションなどで特に多く使われます。画面幅を最大限使うことができ、ナビゲーション内で縦スクロールもさせやすいことから、ヘッダーに比べて多くの情報を載せることができます。

POINT カレント状態を必ず用意する

カレントは「選択中」の状態のことです。アプリケーションにおいて、今どのページにいるのかをユーザーに示すことができます。

ナビゲーションのカレントによって、ユーザーはアプリの構造を理解しながら操作することができ、操作に迷いにくくなります。

POINT ナビゲーションの階層化・入れ子構造

ナビゲーションを複数用いて、入れ子構造を作ることができます。その際、どちらが親のナビゲーションとなるのか、親子関係がわかるように、レイアウトや強弱を工夫しましょう。

ヘッダーナビゲーション＋サイドナビゲーションの例。親のヘッダーでカテゴリを示し、子のサイドナビゲーションでカテゴリ内の現在の位置を明確にする。

サイドナビゲーションが二階層になっている例。親のサイドナビゲーションに色を敷いて画面の左端に配置し、子のサイドナビゲーションは右側に配置して階層関係を明確にする。

POINT メニュー数を多くしすぎない

ユーザーはメニューを見てアプリケーションの全体像を把握しようとします。メニューの数が多いと、そのアプリケーションでできることを確認しきれず、操作を進めにくくなってしまいます。目安として、メニューの数は7個以内に収めることをお勧めします。どうしてもメニューの数が減らせない場合は、ナビゲーションをドロップダウンメニューなどで階層化しましょう。

メニューの数が多いと、全体像の把握が難しい。

CHAPTER 6 パーツを改善するヒント

主要な機能にすぐアクセスできるパーツ

02 モバイルアプリの
ナビゲーション

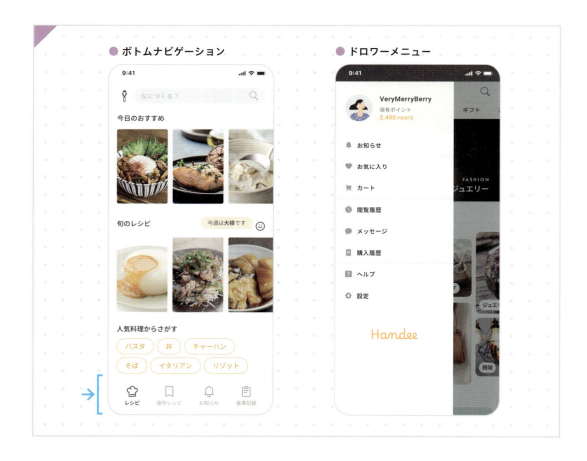

　モバイルアプリのナビゲーションも、アプリケーションの主要な機能を切り替える役割を持ちます。ボトムナビゲーションを使うことが一般的で、指での操作がしやすい画面の下部に、3〜5個のメニューを固定配置します。メニューの数が多いときや、重要度の低い第二階層メニューを並べる場合は、ドロワーメニューを用います。ドロワーメニューは縦並びで多くの項目を並べることができます。しかし、ボトムナビゲーションと比べて画面へのアクセスはしづらくなるため、主要機能を並べることにはあまり適していません。

POINT モバイルアプリはメニュー数をデスクトップアプリより絞る

PCと比べて、スマートフォンの場合は移動中など短い時間での操作をすることが多いです。より簡潔に作業が行えるように、メニューの数自体を絞ることも検討しましょう。1つのアプリケーション内に複数の機能がある場合は、アプリケーション自体を機能単位に分けて複数用意することを検討してもよいかもしれません。

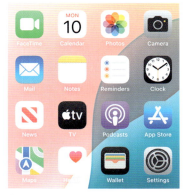

モバイルアプリは1つの用途に特化した単機能型も多く、アプリを分けるという方法もある。

POINT ナビゲーションの強弱

モバイルアプリでは、多くのアプリがボトムナビゲーションを採用しているため、ユーザーはすぐに認識することができます。やや弱めに見せたい操作はボトムナビゲーションを避け、画面の上部などに置くようにしましょう。

また、ボトムナビゲーション内でも強弱をつけ、最も主要な機能を中央で目立たせる手法があります。ポイントカードアプリのカード表示や、SNSの投稿ボタンなど、特にユーザーに操作させたい機能を強調することで誘導しています。

ヘッダーにお知らせを置く

ボトムナビゲーションを強調している例

POINT バッジを活用する

ナビゲーションにバッジをつけることで、ユーザーに気づきを与えることができます。操作中のユーザーに「バッチを消したい」という気持ちを起こさせ、メニューを開くように誘導することができます。バッジは使いすぎるとユーザーも負担に感じるため、バッジの意味がある箇所で、適度に利用するようにしましょう。

CHAPTER 6　パーツを改善するヒント

どの画面からでも操作できる機能を置く

03 | ヘッダー

● デスクトップアプリのヘッダー

● モバイルアプリのヘッダー

　ヘッダーは画面の上部に固定され、アプリケーション内のどの画面にいても常に同じ内容が表示されているパーツです。そのため、アプリケーション全体に関わるような横断的な情報や機能が配置されます。例えば、検索ボックスをヘッダーに置くことで、アプリケーション全体に対して検索を実行する機能と認識させることができます。お知らせ・通知機能なども、ヘッダーに置くことで、どの画面を操作していても通知に気づきやすくすることができます。また、ヘッダーにはアプリケーションのロゴなどを配置して、今何のアプリを操作しているのかをユーザーに印象づける役割もあります。

POINT ヘッダーに置く代表的なパーツ

ヘッダーに置かれることが多い代表的なパーツは以下のようなものがあります。これ以外にも、どの画面からでもアクセスできるようにしたい機能はヘッダーに配置することで、利便性を向上できます。

- **ロゴ**: 今何を操作しているのか、ユーザーに印象付ける
- **コンテンツの登録ボタン**: メールアプリであればメール新規作成ボタンなど、そのアプリの主要コンテンツの登録を行うボタン
- **通知・お知らせ**: どの画面からでも通知に気がつくことができる
- **検索**: アプリケーション全体を検索する機能
- **ヘルプメニュー**: 操作説明マニュアルへのリンク
- **ユーザーメニュー**: プロフィールなど、ユーザーにひも付く情報や設定画面にアクセスできる

POINT スクロール時にヘッダーを固定するかどうか

スクロール時にヘッダーを固定すると、ヘッダーの機能にアクセスしやすくなります。その代わりに画面の領域を狭くしてしまうというデメリットもあります。ここはアプリケーションによって重視する点が異なるため、どちらが良いか、アプリケーションごとに検討を行ってください。

POINT モバイルアプリではヘッダーを置かないことも

画面領域の狭いモバイルアプリでは、より画面を簡潔に見せるために、ヘッダーを置かないこともあります。この場合、ヘッダーに配置していた検索ボックスやユーザーメニューなどはボトムナビゲーションに配置するようにします。

ヘッダーがないアプリでは、検索ボックスやユーザーメニューをボトムナビゲーションに配置している。

CHAPTER 6 パーツを改善するヒント

ページの内容を表すタイトルを表示する

04 ページヘッダー

　アプリ全体のヘッダーとは別に、画面単位で配置するヘッダーです。主に、画面のタイトル名が記載され、その画面の情報や画面全体にかかる機能が配置されます。例えば、レシピサイトで「投稿レシピ一覧」といったページであれば、その画面タイトルと、一覧の検索機能、投稿ボタンなどが配置されるエリアとなります。「簡単ふわふわオムライス」など、レシピの詳細画面であれば、「レシピ編集」「レシピ削除」「レシピを共有」といったボタンが並びます。

POINT 画面タイトルと戻り導線を配置する

基本的に画面タイトルと、前の階層に戻るためのボタンを必ず配置します。戻り導線は「パンくずリスト」を用いるか、単純な「戻る」ボタンを左端に配置するのが一般的です。これらはユーザーがアプリケーション内で現在地を把握するのに役立ちます。

パンくずリストとタイトルが置かれていることで、現在地を把握できる。

モバイルアプリの場合はコンパクトに「＜」アイコンを配置して、前画面に戻れるようにすることが多い。

POINT その画面全体にかかる機能を配置する

ページヘッダーに置く情報やボタンは画面ごとに異なりますが、現在の画面に表示しているものを操作するためのボタンを置きましょう。アプリケーション全体を通してページヘッダーに画面ごとの機能を配置することで一貫性が生まれ、ユーザーが迷わず操作できます。

カレンダー画面では、検索ボックスやカレンダーボタンを配置する。

予定詳細画面では、編集・コピー・削除などのメニューを配置する。

TIPS
ページヘッダーに機能が収まらない場合

複雑なアプリで画面内の機能が多すぎる場合や、モバイルアプリなどの狭いレイアウトで、すべてのボタンを置くスペースがない場合は、ドロップダウンメニューを活用しましょう。

CHAPTER 6 パーツを改善するヒント

アプリ内の現在位置を把握するパーツ

05 パンくずリスト

　パンくずリストはアプリ内で今いる画面がどの画面からたどり着いたのか、どのカテゴリ内にいるか把握できるパーツです。1つ前や2つ前の操作に戻りたくなった場合の、戻り導線としても便利なパーツとなります。特に画面数の多いサイトやマニュアルページなどでは利便性が高いため、必ず置くようにしましょう。一方で、階層が浅いアプリの場合は、ナビゲーションのカレントがあれば現在地を理解可能です。そういったアプリケーションではパンくずリストは不要です。

POINT 画面タイトル・ナビゲーションと必ず文言を合わせる

　画面タイトル・ナビゲーション・パンくずリストの文言は必ず揃えるようにしましょう。同じオブジェクトを指していることがユーザーに明確に伝わるようにすることで、画面の導線、アプリ内の構成がわかりやすくなります。

画面タイトル・ナビゲーション・パンくずリストの文言は必ず同じにする。

POINT 現在地とリンクをわかりやすくする

　パンくずリストはリンクを設置して、上位階層の画面に戻れるようにします。末尾にある現在地はクリックできないようにして太字にする、前階層は下線を引くなどして、リンクであることがわかりやすいスタイルにしましょう。

🏠 <u>ENJOY RECIPEトップ</u> ＞ <u>カテゴリ</u> ＞ <u>卵料理</u> ＞ **とんぺい焼き**

POINT パンくずが不要な場合

　階層が浅く、ナビゲーションのカレントで現在地がわかる場合は、パンくずリストは不要です。

POINT 戻るボタンとパンくずリストはどちらが良い？

　パンくずリストは複数手前の画面に戻ることができ、階層構造もわかりやすく、機能面のメリットが多くあります。しかし、文字が多くその分スペースも占有してしまうため、レイアウトの観点では単純な戻るボタンのほうが良い場合があります。

戻るボタンは階層構造がわからない代わりに、コンパクトなレイアウトにできる。

CHAPTER 6
パーツを改善する
ヒント

直後に続くコンテンツのタイトル・要約などを表記するテキスト

06 | 見出し

● h2 〜 h5まで
強弱をつけた見出し

h2 見出し

h3 見出し

h4 見出し

h5 見出し

● 枠で囲うなど、装飾を加えたパターン

H2 見出し

● アコーディオン開閉機能を付け、折りたたむ
パターン

> **H2 見出し**

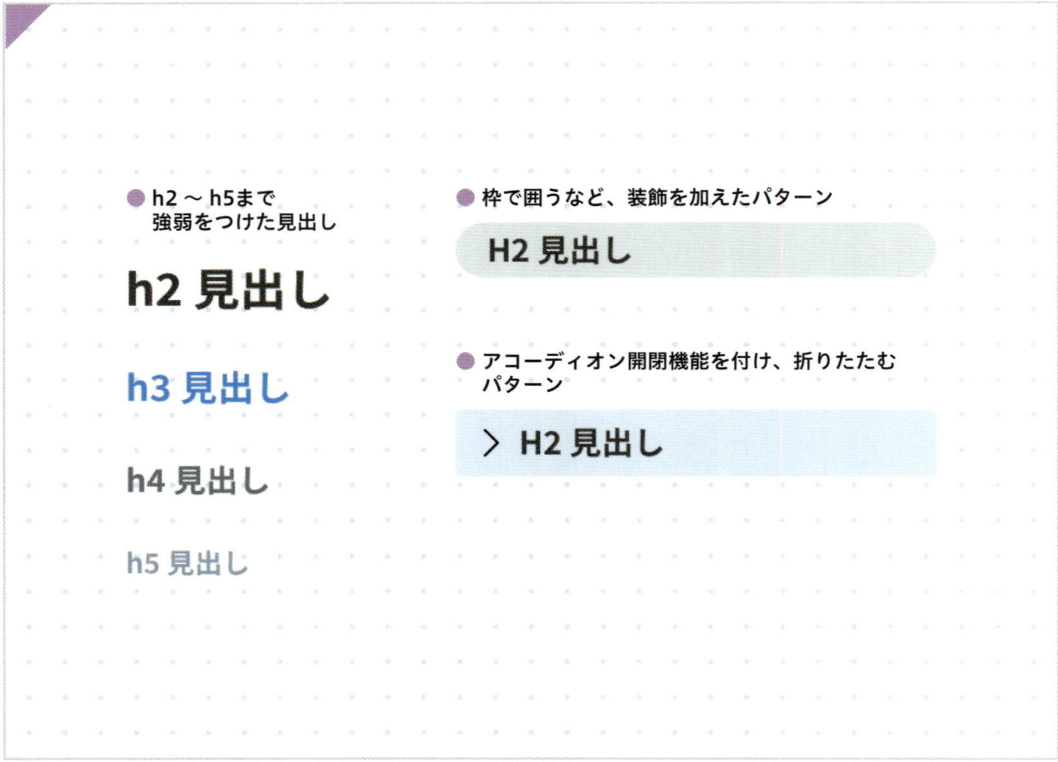

「見出し」は直後に続くコンテンツのタイトル・要約などを表記するテキストです。ページ内に複数のコンテンツがある場合に見出しを使って情報を区切り、整理していきます。h1 に当たる画面タイトルはページヘッダーに記載することが大半であるため、デザイン作成時のパーツとしてはh2以降を用意します。原則としては、大きい見出しから順番に小さい見出しを利用することで、情報の階層をわかりやすく整理できます。例えば、h2の前にh3を使う、といったパターンはなるべく避けるべきです。

POINT　Webサイトと、アプリケーションにおける見出しのスタイルの違い

　主に、写真や図、文字を「見る、読むこと」が目的のWebサイトと、機能を「使うこと」が目的のアプリケーションでは、見出しの目立たせ方が異なります。Webサイトの場合は見出しで目を引く必要があるため、大きい文字サイズで色や装飾も工夫し、デザイン性を高めることがよくあります。一方でアプリケーションの見出しは文字も小さく、色も黒やグレーで控えめにすることで、機能の操作部分を強調する必要があります。

まず見出しで注目を集めてから文字を読ませるため、色や装飾を使って目立たせる。

機能に関わるパーツが先に目に入るようにし、見出しは控えめにしておく。

POINT　見出しの大きさはセクションの大きさに合わせる

　原則、見出しはh2 ＞ h3 ＞ h4…と、大きい見出しから順番にレイアウトしていくことで階層を整理します。ただし、すべてこの形で進められない画面もあり、例えば「h2を置くと大きくて不自然」となることもあります。そういった場合はh2の見た目を複数用意してパターンを整理するなど、直後のコンテンツの大きさに合わせた見出しの見た目を考えることが重要です。例えば以下では、パネルごとにh2の大きさを整理しています。

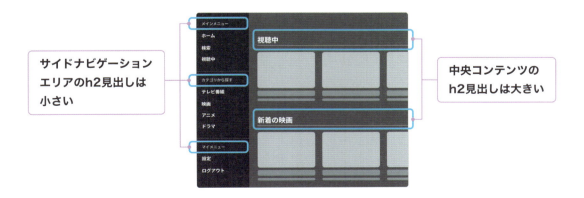

CHAPTER 6 パーツを改善するヒント

押下することで操作を開始・実行するパーツ

07 | ボタン

　ボタンはクリック・タップすることで、特定の操作を開始したり、システムの処理を実行するパーツです。あらゆる画面で利用することがあり、ユーザーの意思決定を行うため、アプリケーションの中で最も重要なパーツの1つといえます。画面内に配置されるボタンは複数あり、それぞれ重要度が異なります。主要な機能やユーザーの意思決定に関わるボタンは目立たせ、補助的な操作のボタンは控えめにするなど、ボタンの強弱を考えることで、使い勝手を向上させることができます。

01 ボタンには強弱をつける

　ボタンは一貫性のあるルールで見た目を変え、強弱をつけるようにしましょう。例えば、Primaryボタンは最も目立つようにデザインされ、SecondaryボタンやTertiaryボタンなどと明確に区別されます。このようにボタンの強弱を定義することで、画面上の重要なボタンとそうでないボタンを整理でき、迷わない画面を作ることができます。

ボタン定義の例

▶ **Primaryボタン**
　画面の最も主要な操作に利用します。特に「保存」「OK」など、操作が確定する意思決定のボタンには必ず用いるようにします。また、画面内には原則1つだけ配置するようにしましょう。

▶ **Secondaryボタン**
　画面の主要な機能ではないボタンや、何かしらの操作を開始するときのボタンに利用します。1ページの中に複数置くことができます。また、「キャンセル」「クリア」などのネガティブなボタンにもこのボタンを利用します。

▶ **Tertiaryボタン**
　Secondaryボタンよりもより弱く見せたいボタンがある場合に利用します。1ページの中に複数置くことができます。

▶ **アイコンボタン**
　基本的にはSecondaryボタンと同じ用途ですが、画面レイアウト上コンパクトに表示したい場合に利用します。PC画面ではオンマウス時に必ずツールチップでボタン名称を表示するようにしてください。

02　ボタンに強弱をつけた改善例

　前のページで定義したボタンを、画面に当てはめてみたのがこちらです。ボタンの強さが均一な状態よりも、見るべき場所がわかりやすく、一気に使いやすい印象になったと思います。本書のボタンの定義は一例であり、実際はアプリケーションによってそれぞれボタンの定義を考える必要があります。場合によってはより強いボタンや危機感のあるボタンが必要かもしれませんし、コンパクトなレイアウトには小さいサイズのボタンを定義する必要があるかもしれません。重要なのはアプリケーション全体で同じルールを徹底することです。

03　ボタンの配置で優先度を調整する

ユーザーの視線誘導の観点から、画面上のどこにボタンを置くかで、操作のしやすさは変わります。アプリケーションによって多少の差はありますが、基本的なボタン配置のパターンは決まっています。PC・スマートフォンともに、使い慣れているアプリに合わせることで、ユーザーの学習コストを下げることができます。

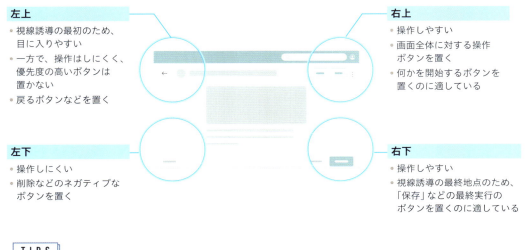

左上
- 視線誘導の最初のため、目に入りやすい
- 一方で、操作はしにくく、優先度の高いボタンは置かない
- 戻るボタンなどを置く

右上
- 操作しやすい
- 画面全体に対する操作ボタンを置く
- 何かを開始するボタンを置くのに適している

左下
- 操作しにくい
- 削除などのネガティブなボタンを置く

右下
- 操作しやすい
- 視線誘導の最終地点のため、「保存」などの最終実行のボタンを置くのに適している

TIPS

フローティングボタン

特にスマートフォンでは、常に親指で押しやすい位置に表示し続けるフローティングボタンを活用することがあります。これはアプリケーションのメイン操作に当たるボタンとし、特に使用頻度の高い機能に用います。

04　非活性状態（Disabled）を用意し、活用する

ボタンは非活性状態にすることで、押せないことを表現できます。半透明にするか、グレーアウトすることが一般的です。「あらかじめボタンを非活性の状態にしておき、何か条件を満たすと活性化する」という方法で、ユーザーの操作順序をある程度制御できます。

使えないボタンは押してからエラーを出すのではなく、先に非活性にしておく。

CHAPTER 6 パーツを改善するヒント

画面・URLに遷移する機能を持つテキスト

08 テキストリンク

　テキストリンクはHTMLの<a>タグに当たるパーツで、画面を遷移したり、外部のサイトにリンクするためのパーツです。ボタンと違い、文章のテキスト内に含めることができ、文章内の補足や引用元を示すのにも使うことができます。また、ボタンと比べて存在感が控えめで目立ちにくく、画面内で重要度・優先度の低いものに対して利用します。

POINT 下線を付けるとテキストリンクと認識されやすい

　一般的にWebサイトやアプリでは、テキストリンクは「下線を付ける」もしくは「文字色を変える」ことで、テキストリンクと認識されます。少数であれば問題ないのですが、画面内に多数のテキストリンクが登場する場合は下線が多くあると複雑な印象を与えてしまいます。そういった場合は、最初は文字色を変えた状態にしておき、オンマウス時だけ下線が出るようにすると、リンクであることをユーザーに示しつつ、複雑な印象を弱めることができます。

すが、これまでも複数回引き上げが延期されており、今後の経済状況を踏まえ慎重に判断する方針です。

関連情報：消費税増税に関する過去の議論

　政府内では、消費税率の引き上げによる税収増が見込める一方、家計への負担増が消費を冷やす懸念も根強く

最初から下線を表示しておく形は、最もリンクをユーザーに認知してもらいやすい。hover時に下線を非表示にする。

すが、これまでも複数回引き上げが延期されており、今後の経済状況を踏まえ慎重に判断する方針です。

関連情報：消費税増税に関する過去の議論

　政府内では、消費税率の引き上げによる税収増が見込める一方、家計への負担増が消費を冷やす懸念も根強く

下線をなくして画面をすっきり見せることができる。hover時に下線を表示し、リンクであることがユーザーに伝わるようにする。

POINT 外部リンクなどにはアイコンを付ける

　リンクを押したときに「外部のサイトにリンクする」「新規ウィンドウでページが開く」「メールが起動する」などの場合は、リンクの末尾にアイコンを置くようにします。テキストリンクを押した後の挙動をわかりやすく伝えることができます。

外部サイトへ ↗

通知メールを送信 ✉

TIPS
「詳細はこちら」は良くない？

多くのWebサイトで「詳細はこちら」というリンクを見かけますが、リンク先の内容が明確に伝わりません。そのため、できる限りリンク先の画面名をリンク文字で明示しましょう。もし、「詳細はこちら」を利用する場合は、前後の要素によってユーザーに内容が伝わりやすい形になっているか確認しましょう。

詳細はこちらをご確認ください。

詳細はよくあるご質問をご確認ください。

CHAPTER 6 パーツを改善するヒント

複数のボタンをメニューとしてまとめる

09 ドロップダウンメニュー

ドロップダウンメニューはクリックすると複数の操作メニューがリスト状に展開する機能を指します。特に操作が多く、レイアウトが収まらないときに使われ、多数あるボタンをコンパクトに整理することができます。

ボタンの右側に下矢印を置き、そのボタンから派生する機能や関連する機能をメニューとして並べます。例えば、「メール送信」のボタンから「予約送信日時」を選択するような場合に利用します。

POINT 操作が多くレイアウトに収まらない場合に使う

ボタンが多いと画面が複雑な印象になってしまいます。ドロップダウンメニューにまとめることで、項目をすっきりと見せることができ、アプリケーションの操作を簡単な印象にすることができます。

POINT ボタンの優先度を弱めたいときに利用する

ドロップダウンメニューを使うと、ユーザーは一度メニューを開くボタンを押した後に、操作メニューを押す、という2段階の操作になります。通常のボタンと比べて操作の負荷も高く、最初に操作メニューが見えていないことから、他のボタンと比べて優先度を低くすることができます。

「削除」など、ユーザーにあまりさせたくない操作の場合は、メニューの数が1件だけでもあえてドロップダウンメニューの中に配置する、という手法もあります。

ドロップダウン内のメニューは、メニューの外のボタンよりも弱く見せることができる。

あまり押させたくない操作は、1件だけのメニューでもあえてドロップダウン式にする。

TIPS
右クリックの「コンテキストメニュー」はブラウザでは使われにくい

コンテキストメニューは、右クリックで表示するメニューで、対象に応じた操作を一覧できます。ただし、Webブラウザでは右クリックを使って操作する印象が少ないため、こうしたメニューを表示したい場合は「…」ボタンを設置し、左クリックで同様の機能をサポートできるようにしましょう。なお、Windowsのエクスプローラーでは右クリックを使っていたメニューが、Microsoft 365では左クリックでも操作できるようになっています。

CHAPTER 6 パーツを改善するヒント

1行のテキストを入力するパーツ

10 インプット

　インプットは押下することで選択状態となり、その状態でキーボード操作を行うと文字を入力することができます。アプリケーションにおいて、ユーザー側からシステムに情報を送るための重要なパーツです。検索を行うための検索ボックスとして利用したり、ユーザー情報の登録の際に自身の情報を入力したりと、用途はさまざまです。インプットは基本的に1行だけを入力する際に使います。改行を含む複数行を入力する場合は「テキストエリア」（p.167）を使うようにします。

POINT 入力内容によって幅を調整する

　入力される文字列が長い場合・短い場合に応じてインプットボックスの幅を調整するようにします。未入力のインプットボックスを見て、ユーザーは入る文字列を想像します。入力前に入力する文字の長さを想像させることで、スムーズに操作を進めることができます。一方で、画面全体のレイアウトのバランスも考慮する必要があります。モバイルアプリでは幅いっぱいにしたほうが良い場合もあり、デスクトップアプリでも幅を揃えることで整列した見やすいレイアウトにすることができます。入力内容と、画面全体のレイアウトのバランスを見て、ちょうど良い落としどころを考えるようにしましょう。

POINT 参照画面はインプットと同じ見た目にならないようにする

　登録画面と対をなす参照画面を同じ見た目にしてしまうと、入力可能な状態と誤解してしまいます。参照画面では通常のテキスト（定義リスト）を置くようにし、確定されたデータであることがわかるようにしてください。

入力不可状態であっても、
インプットの形をしていることで誤解を生む。

通常のテキストで表現し、
確定されたデータであることを明確にする。

CHAPTER 6 パーツを改善するヒント

複数個から1個を選ぶ入力パーツ

11 セレクトボックス

セレクトボックスは、複数の項目の中から1個の項目を選ぶパーツです。ひとつのアプリ内ではインプットと同じ見た目にし、末尾に▼のアイコンを置くことで、選択肢が展開されることをわかりやすくします。また、ほぼ同じ機能を持つラジオボタンとの使い分けに注意が必要なパーツです。

POINT ラジオボタンとの使い分け

ラジオボタンも複数の中から1つを選択するため、セレクトボックスと同じように使うことができます。

セレクトボックスはコンパクトに配置できることや、多くの項目があっても対応できる点がメリットですが、クリックするまで項目名を確認できません。ラジオボタンは項目名をあらかじめ確認できます。項目数が多い場合はセレクトボックス、少ない場合はラジオボタンにするなど、アプリケーション内で使い分けの基準を決めるようにしましょう。

セレクトボックスは複数の項目をコンパクトに配置できる。

ラジオボタンはスペースはとるが、
最初から項目名をすべて見せることができる。

CHAPTER 6 パーツを改善するヒント

絞り込みが行える入力パーツ

12 コンボボックス

コンボボックスは複数の項目から絞り込みを行い、ひとつの項目を選択するパーツです。セレクトボックスと似ていますが、キーボードを使ったテキスト入力によって項目を絞り込みできるため、膨大な量のデータから項目を探すような場面に適しています。

POINT セレクトボックスとコンボボックスは、「項目数や選択のしやすさ」で使い分ける

セレクトボックスとコンボボックスの使い分けは、「項目数や選択のしやすさ」を基準に判断しましょう。例えば、都道府県のように、項目数は多くても一覧をスクロールして選ぶのが容易な場合は、セレクトボックスが適しています。一方で、項目数が膨大でスクロールが負担になる場合や、ユーザーが特定の値を素早く見つけたい場合はコンボボックスを使用し、検索機能で絞り込めるようにすると便利です。

都道府県の選択はセレクトボックスで問題ないが、キーワード・タグのようなアプリ独自の項目などは、項目数を予測できないことがあるため、コンボボックスを使うとよい。

> **CHAPTER 6**
> パーツを改善するヒント

複数登録できるコンボボックス

13 マルチセレクトボックス

マルチセレクトボックスは、コンボボックスのようにテキスト入力で項目を絞り込み、複数の情報をタグのように入力できるパーツです。ひとつの入力欄でコンパクトに複数アイテムを扱うことができます。一括で複数の項目を登録したい場合に適しており、メールの宛先の入力、ユーザーの複数登録、ハッシュタグの登録などで利用します。

POINT モバイルアプリのマルチセレクト

デスクトップアプリの場合はコンパクトに表現できますが、モバイルアプリではマルチセレクトボックスは使えません。

見せ方を大きく変え、モーダルのように画面全体にリストを表示して操作します。選択対象がわかりやすいようにチェックボックスを表示してください。

チャットツールのグループ作成画面の例。
モバイルアプリの場合はこのように画面全体を用いて
ユーザーを複数チェックする。

CHAPTER 6 パーツを改善するヒント

日付を直感的に入力できるパーツ

14 デートピッカー

デートピッカーは、ユーザーが日付を簡単かつ正確に選択できるように設計されたパーツです。予約フォーム、スケジュール管理など、日付を扱う多くのWebやアプリで活用されています。キーボード入力と比べてシンプルかつ直感的な操作性で、誤入力を防ぐことができます。カレンダー式とドラムロール式があり、使い分けが求められます。

POINT カレンダー式とドラムロール式

スマートフォンでの日付の入力はカレンダー式とドラムロール式がありますが、昨今ではカレンダー式がよく使われます。誰もが見慣れたものであるためわかりやすく、小さい端末でも使いやすい方式です。

一方、時刻の入力にはドラムロール式が採用されることが多く、日付と時刻を同時に設定する場合にドラムロール式が採用されている場合があります。

近い過去や将来の入力にはドラムロール式のほうが楽な場合がある。iOSのアプリでは、時刻の設定を含む場合によく使われる。

CHAPTER 6 パーツを改善するヒント

数値入力を簡単にするパーツ

15 カウンターとスライダー

　カウンターは数量を直感的かつ簡単に入力できます。一方、スライダーは数値の範囲を直感的に指定できる便利なパーツです。どちらも数値の入力や範囲の設定をサポートするパーツですが、利用シーンに応じて適切に使い分けることが重要です。特にスマートフォンでは数値入力を簡単にできるため、多くのモバイルアプリで採用されています。

POINT キーボードを使わない簡単入力

　カウンターは、正確な数値入力が求められる場面で特に有効です。数値を1つずつ増減できるため、慎重な操作が必要な場合や小さい範囲の調整に適しています。増減ボタンの操作は直感的で、誤入力を防ぎやすい設計です。一方、スライダーは、幅広い数値の中から直感的に範囲を選ぶ際に便利です。特に音量や明るさなど、感覚的な情報を伴う調整に適しており、ざっくりと値を選ぶ操作を得意とします。

キーボードを使わず完結できるので入力が簡単。スマートフォンでの操作も考慮し、ハンドルやボタンはタップしやすい大きさにする。

CHAPTER 6 パーツを改善するヒント

複数行のテキストを入力するパーツ

16 テキストエリア

テキストエリアは、複数行のテキスト入力を可能にするパーツです。コメントや問い合わせフォーム、自由記述の入力欄など、幅広い用途で利用されます。長文の場合はスクロールバーを表示することもあり、内容に応じて入力欄の高さが変化するものもあります。

POINT 想定される入力内容に基づいた大きさにする

インプット（p.160）の幅を考えるのと同様に、どのくらいのボリュームの文章を入れる欄かユーザーが想像できるようにする必要があります。例えば、ブログやメールアプリなどの文字量が多い入力欄は広いエリアとし、チャットアプリなどの簡易な会話ツールであれば小さいサイズにします。コンパクトなまま長文入力させる場合は、右下のつまみでリサイズ可能にしたり、テキストエリア内にスクロールバーを設置します。

チャットアプリは初期状態では1行だけの入力欄のようにコンパクトに見せ、入力文字数が多くなるとエリアが大きく変化する。

CHAPTER 6
パーツを改善する
ヒント

薄い文字で入力を補助する

17 | プレースホルダーの使い方

　これまで紹介してきた、テキスト関連の入力を行うインプットパーツすべてに共通するオプションとしてプレースホルダーがあります。入力欄に何も値が入っていないとき、薄い文字でテキストを表示することで、ユーザーの文字入力をサポートします。

　使い方はさまざまで、入力の例を記載することもあれば、入力項目名自体を記載することもあります。とても細かいパーツですが、設定することでアプリケーションの使い勝手を大幅に向上することができます。

POINT 入力例を記載する

例えば「漢字」と「かな」で姓名の入力欄があった場合、「野村」「太郎」「のむら」「たろう」といったプレースホルダーが入力されていると、ユーザーは入力すべき内容が想像でき、スムーズに入力を進めることができます。数字の場合でも桁数などをあらかじめ表現することができます。

POINT 項目名を記載することでコンパクトに

入力すべき内容を指す項目名を記載することで、入力ボックスの外側に項目名を置く必要がなくなり、コンパクトにすることができます。また、検索ボックスでは、どんなキーワードで検索できるのかを記載することで、検索対象をユーザーに事前に知らせることができます。複数の検索キーがある場合にお勧めです。ただし、この方法は入力後に項目名がわからなくなってしまう点に注意が必要です。

POINT 入力時の注意はプレースホルダーに記載しない

「半角英数字で記載してください」などの入力の注意点にはプレースホルダーを使わないようにします。入力し始めると確認することができなくなってしまいますし、入力後にチェックするときにも判断ができなくなってしまいます。こういった注記は必ず入力ボックスの外に添えるようにしましょう。

CHAPTER 6
パーツを改善するヒント

複数選択か単一選択か使い分ける

18 チェックボックスとラジオボタン

　チェックボックスとラジオボタンは、選択肢を提示し、ユーザーが意図する選択を簡単に行えるようサポートする基本的なパーツです。チェックボックスは、選択肢から複数の項目を同時に選択するときに用います。

　一方、ラジオボタンは、選択肢からひとつだけを選択する場合に利用され、別の項目を選択すると、前に選択していた項目は自動的に非選択になります。

01　ラベルと選択肢の配置

　ラベルとはチェックボックスやラジオボタンに表示するテキストのことで、選択肢の内容を示します。ラベル全体をクリック可能にすることで操作性が向上します。また、選択肢の順序には工夫を加え、気にする人が多い一般的な選択肢を上位に配置することで、ユーザーが迷わず選択しやすくなります。選択肢が多い場合は、カテゴリ分けを取り入れ、視覚的な負担を軽減します。

170

02 ボタン型のチェックボックス・ラジオボタン

チェックボックス・ラジオボタンをボタン状にする場合もあります。チェックマークが無い分、画面をすっきり見せることができます。絞り込みのUIで使われ、特にモバイルアプリではタップできる範囲が明確であるためよく利用されています。

03 カード型にして説明を記載する

チェックボックスやラジオボタンはカード型のUIを使って説明を追加することができます。選択肢の内容がアプリ独自の用語である場合に特に有効で、説明文を見ながら選択してもらうことができます。

TIPS

ユーザーの同意を表すチェックボックス

ユーザー登録画面によくある「利用規約に同意する」や、設定画面によくある「通知をメールで送信する」などではチェックボックスが利用されています。このような「はい／いいえ」で回答できる文章の先頭にチェックボックスを置くことで、ユーザーの同意を表すことができます。ユーザーの同意や許可を得る場合は、「はい／いいえ」の2択のラジオボタンを使用せず、単一のチェックボックスを活用することでユーザーの操作負荷を下げることができます。

BookNookNookの<u>プライバシーポリシー</u>と利用規約に同意しますか？
◯ 同意する　● 同意しない

☐ BookNookNookの<u>プライバシーポリシー</u>と利用規約に同意する

CHAPTER 6 パーツを改善するヒント

状態の切り替えを明確に伝える

19 | トグルボタンとスイッチ

　トグルボタンとスイッチは、状態の切り替えを行うパーツです。トグルボタンは複数の状態を表し、押下で別の状態に切り替わる動きをします。スイッチは主に「オン」と「オフ」の2つの状態を切り替える動きに用います。それぞれラジオボタンやチェックボックスと近い挙動ですが、「オン／オフ」などの状態を見た目でわかりやすく表現できるため、設定画面やモードの切り替えなどで用いられます。

POINT トグルボタンは異なる状態や機能への切り替え、スイッチはオン／オフの切り替えに使う

　トグルボタンは、ユーザーが状態を切り替える際に使用します。スイッチとは異なり、複数の状態をテキストで記載することができ、タブのように利用することも可能です。一方でスイッチは「オン」と「オフ」で表現できるものだけに活用します。テキストで状態を説明する必要がある場合はトグルボタンを用いるようにしましょう。

スイッチは、異なる状態の切り替えには適さない。

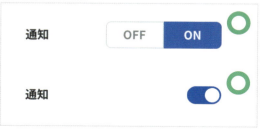

オン／オフの切り替えの場合は、トグルボタンとスイッチどちらも適している。

172

POINT 設定画面でのスイッチとチェックボックスの違い

設定画面で、スイッチとチェックボックスは、どちらも状態のオン／オフを切り替えるために使用されます。スイッチは即時性が高く、操作をすることで、すぐに機能が有効化／無効化されたことがユーザーに伝わります。一方で、チェックボックスは、即時で有効化／無効化する場合もありますが、確定ボタンを押して初めて設定が反映される場合もあります。スマートフォンではタップ領域の押しやすさの観点からスイッチが使われることが比較的多いです。PC環境ではどちらも利用されています。端末や文章量などのバランスをみて、どちらが良いか選択するようにしましょう。

スマートフォンではタップのしやすさから、スイッチが利用されることが多い。Wi-Fiや機内モード、通知など、状態を表す場面で特に有効。

PCではどちらも使われるが、古くから馴染みのあるチェックボックスが使われていることも多い。文章量が多い場合にも、チェックボックスが適している。

POINT フリップフロップ問題を避けることができる

フリップフロップ問題とは、ひとつのボタンでオンとオフを切り替える際に、「現在の状態」を示しているのか、「押下後の状態」を示しているのかがわかりにくくなる問題です。ひとつのボタンでオン／オフを切り替えるのは避けましょう。トグルボタンを使用する場合は、オンとオフの状態が視覚的に明確になるよう、ラベル付きのボタンを左右に並べるか、スイッチを用いることで、ユーザーが現在の状態を直感的に理解できるようにしましょう。

 今の状態と押下後の状態がどちらなのかわかりにくい

 今の状態も、押下するとどうなるのかもわかりやすい

ボタン1つの場合

トグルボタンとスイッチの場合

CHAPTER 6 パーツを改善するヒント

情報を整理しつつ複数のセクションやコンテンツを切り替える

20 | タブ

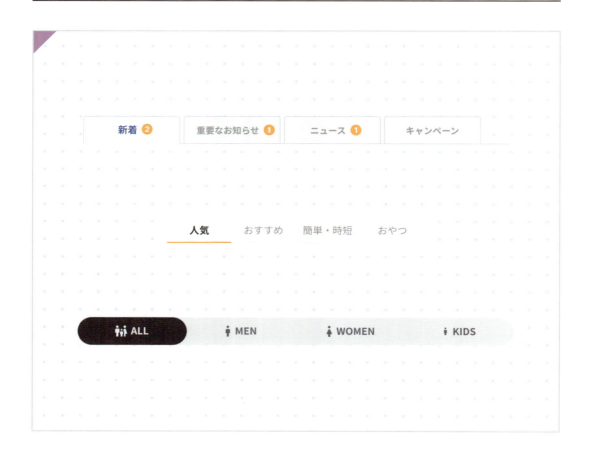

　タブは、情報を整理しつつ複数のセクションやコンテンツを切り替えることができるパーツです。一覧画面の絞り込みや、並列の情報を切り替えるときによく使われます。情報量が多いページはタブで整理することで、スペースの有効活用ができます。ひとつの画面に情報をまとめてしまうと画面下方のセクションは読み飛ばされてしまうこともありますが、タブで分けることで情報を並列に並べることができます。

POINT バッジを活用して重要情報を強調する

タブは情報を並列化して整理し、ユーザーが簡単に異なるコンテンツにアクセスできる点が大きなメリットです。しかし、タブは複数ですが、その中から画面に表示されるのはひとつだけです。すべてのタブを開く操作には手間がかかり、開いてもらえない可能性もあることに注意が必要です。

特に読んでほしい情報にはバッジを付けることで、一時的に重要度を高めることができます。たとえば、新着メッセージや未処理タスクの件数を示すバッジを表示することで、ユーザーに気づきを与えられます。

POINT タブを使わないほうがよいパターン

全体の情報量が少ない場合は、タブで分割するよりもすべての情報を1枚のページで表示するほうが、情報を確認しやすくなります。各タブの内容が少なくなってしまう場合は、タブをやめるか、タブごとの情報の分類を工夫しましょう。また、タブの数が増えすぎると、画面に収まりきらず横スクロールが必要となり、横断的に移動しにくくなります。このような状況では、ユーザーがどのタブに必要な情報があるのかを把握しづらくなり、結果として操作のストレスにつながります。タブを正しく利用し、ユーザーに効率よく情報を提供しましょう。

タブの中身が少ない場合は1ページにまとめるほうが
ユーザーの操作負荷も少なく、読みやすい。

タブの数が多すぎると内容が読みにくくなる。
その場合、垂直タブの使用も検討する。

CHAPTER 6 パーツを改善するヒント

ラベル（項目名）と値のセットでデータを表示するパーツ

21 定義リスト

　アプリケーションにおいて、データの情報を画面に表示するとき、多くの場合では「ラベル（項目名）」と「値」をセットで表示します。例えばマイページで自分の情報を見るときに「名前：野村太郎」「メールアドレス：taro-nomura@mail.com」のように「ラベルと値」がセットで表示されているはずです。特に詳細画面でよく利用され、どのアプリケーションでも情報表示の基本となるパーツのひとつです。

POINT 縦並びのレイアウトと横並びのレイアウト

定義リストはラベルと値を上下に並べるレイアウトと横並びのレイアウトがあります。それぞれのメリット・デメリットは以下のとおりです。

▶ 縦並びの定義リスト

メリット

画面幅が狭い箇所や、モバイルアプリで特に適したレイアウトです。デスクトップアプリのレイアウトの場合、複数個を横並びさせたときでも見やすく組むことができます。

デメリット

横並びのレイアウトと比べると高さが出やすく、項目数が多い場合はページが長くなってしまいます。

▶ 横並びの定義リスト

メリット

縦方向にコンパクトにできるため、横幅の広いデスクトップアプリでのレイアウトに適しています。2列の表のような形となり、1対1の関係がわかりやすい並べ方です。

デメリット

画面幅が狭い場所では使いにくく、モバイルアプリでのレイアウトには適していません。

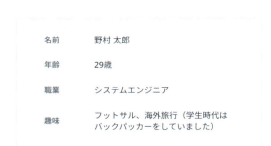

POINT 入力画面とレイアウトを揃える

定義リストは設定画面やフォームなどでユーザーが入力したデータの表示に適しています。定義リストですべての情報を掲載してしまうと単調なレイアウトになってしまいますが、設定画面などではそのほうがよい場合があります。入力した内容が同じ配置や大きさで画面に配置されたほうがユーザーにとってわかりやすく、正確に反映されていることも伝わります。

アカウント登録フォーム　　登録後のユーザー情報画面

CHAPTER 6
パーツを改善する
ヒント

一覧画面に並ぶアイテムを表すパーツ

22 | リストとカード

● リストビュー

● グリッドビュー

　アプリケーションでは一覧画面に複数のアイテムが並びます。メールアプリでは「メール」、音楽アプリでは「曲」が一覧になって並んでいます。アプリケーションでは、一覧からアイテムを選択して、何かしらの操作を行うことが一般的です。見せ方としては、縦一列に並ぶ「リストビュー」、複数列でカードが並ぶ「グリッドビュー」があります。これらはアプリケーションの目的や、プラットフォームによって使い分け、ユーザーが情報を見つけやすいようにします。

POINT リストやカードはユーザーが情報を見つけやすいように シンプルにする

一覧画面は操作したい項目を探す画面です。リストやカードなどのアイテムを見つけやすくするために、リストやカード内の情報は極力シンプルにしましょう。「見つけやすさ」を優先し、載せたい情報が多い場合も最低限に絞りましょう。

POINT リストビューはアイテムを 多く並べることができる

リストビューは基本的に文字の情報がメインで、高さを抑えることができます。モバイルアプリの小さい画面でも多くのアイテムを並べることが可能です。また、アコーディオン（p.196）の開閉などに派生させることができる点もメリットです。

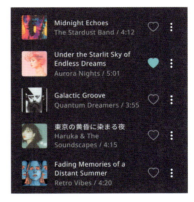

POINT グリッドビューは画像で 直感的に探せる

グリッドビューはカード型で画像を大きく見せることができます。サムネイル画像を大きく見せることで、文字が多いリストビューと比べて直感的にアイテムを探すことができ、欲しい情報に早くたどり着けます。

TIPS
リストとグリッドを切り替え可能にする

リストビューとグリッドビューを切り替えられるトグルボタンを置くこともあります。ユーザーの好みで選ぶことができるため、一人ひとりに合わせたUIにすることができます。

| CHAPTER 6 パーツを改善するヒント | 表形式でデータを表示するパーツ |

23 | テーブル

　テーブルは表形式でデータを表示できます。特にウィンドウ幅の広いPCのデスクトップアプリケーションで、リストやカードと同じく、アイテムを並べる際によく使われます。リストやカードと比べると情報が均一に見えてしまいますが、テキストが整列されて並ぶため、情報を見やすいパーツです。表見出しを使って列ごとにソート機能をつけることができたり、列の並べ替えができたりと、リストやカードにはできない機能を用意できる点もメリットです。

POINT 極力、横スクロールは避ける

　テーブル内の情報量が多く横スクロールが必要になると、情報が隠れてしまったり、右端にあるボタンが押せなくなってしまったりと、ユーザーの操作や閲覧の負荷を高めてしまいます。

　ウィンドウの領域や表示項目によってはやむを得ず横スクロールが必要な場面もありますが、なるべく避けるようにしましょう。

横スクロールは、操作しにくく、ユーザーの負荷が高い。

POINT 列数を減らす、改行をなくすなどして見やすく

　列数が多いと情報量が増え、ユーザーは画面を確認する負荷が高くなります。表にデータをすべて表示しようとはせず、必要な項目に絞るようにしましょう。横スクロールの防止にもつながります。また、改行が発生して行の高さが必要以上に高くなることも避けましょう。長文が入る可能性があるセルは、一定の幅を超えたときに末尾に「…」を置き、省略表示することをお勧めします。

POINT テーブルならではの機能を生かす

　テーブルはリストやカードのようなアイテムを並べるパーツとして活用できることに加えて、表形式であることを生かした機能を検討できます。以下のような機能を簡単なレイアウトでわかりやすく表現することができます。

- 列名をクリックしてソートする
- 左上のチェックボックスで
  一括チェックする
- 特定の列の色を変える・強調する

　　　　　　　　　　　　　　など

テーブルはソート機能を列ごとに配置でき、対象の列を直感的に選べる。

リストやカードの一覧の場合は、ソート機能にセレクトボックスを使うことになる。

CHAPTER 6 パーツを改善するヒント

リストやテーブルの表示範囲を表す

24 ページャーと件数カウンター

　多くのデータを表示し、一連の情報が複数ページにわたるときは、ページャーと件数カウンターを配置して、ユーザーに今見えている範囲を示します。主に一覧画面でリストやテーブルを使う場面で利用します。アプリケーションでは、データの読み込み数が多いと画面の表示に時間がかかってしまいます。ある程度一度に表示できる件数を絞ることで表示スピードを早めることができるため、ページの移動を快適にするページャーは無くてはならないパーツです。

POINT 全体のボリュームがわかるようにする

ページャー、もしくは件数のカウンターを用いて、一覧全体のボリューム感がわかるようにします。全体の件数や並び順が見えることで、ユーザーが次の操作を考えやすく、リストに並ぶ項目を探す手助けになります。

POINT 「もっと見る」ボタンは使う場面を考える

ページャーの代わりに、「もっと見る」ボタンをリストの末尾に置き、押下することで次のリストを呼び出すUIもあります。もしくはボタンを置かず、末尾までスクロールすると次のリストを表示します。この動きは「無限スクロール」と呼ばれます。

シンプルな操作で、ユーザーも簡単に扱うことができますが、「全体量がわからない」「画面遷移後に一覧画面に戻ってきたときに元の位置に戻りにくい」などの大きなデメリットがあるため、一般的な一覧であればページャーを選択することをお勧めします。一方で、無限スクロールはSNSやチャットのようなリアルタイムの時間に合わせて情報が表示されるタイプのUIと相性が良く、メリットを最大限に生かすことができます。

無限スクロールは一見便利そうだが、デメリットも多い。アイテムの全量を把握したいアプリでは適していないこともある。

TIPS チェックボックスを使った一括選択に注意

複数ページにまたがる要素をチェックボックスを使って一括選択可能な場合、「現在のページで選択したアイテム」だけが対象なのか、「全ページで選択したアイテム」が対象なのか、がわかるようにしましょう。「○件選択中」というテキストを入れる、補足のテキストを入れるなどして、選択範囲がユーザーに伝わるようにします。

チェックボックスの範囲がわかるように、「○件選択中」の表記は必ず配置する。

CHAPTER 6 パーツを改善するヒント

属性や状態を伝えるパーツ

25 ステータスラベルとチップ

　ステータスラベルは状態の表示に使われるパーツです。オブジェクトの状態を強調し、視覚的なマークとして認識しやすくします。例えば「発送中」「配達済」や、「完了」「中止」などの状態を通常のテキストよりもわかりやすく伝えることができます。チップは関連する補足情報や属性をシンプルに伝えることができます。例えば、料理アプリの検索用のタグとして「卵」「お弁当」などの用語をチップで表現します。どちらも情報の整理や視覚的な区分に役立ちます。

POINT ラベルは現在の状況を一目瞭然にできる

　ステータスラベルは、そのオブジェクトがどのような状態にあるかを視覚的に伝えるために設計されています。例えば、赤色のラベルで「エラー」や「緊急」を表現したり、グレーのラベルで「完了」や「非アクティブ」を示したりすることが一般的です。このように、色による状態の区別は一目でわかりやすいため、ユーザーに重要な情報を迅速に伝える手段として効果的です。

　ただし、使用する色はある程度絞り込み、アプリケーション内で一貫したルールを持つことが大切です。例えば、「赤＝エラー」「緑＝成功」「青＝情報」といったルールを明確に設定し、ユーザーが直感的に理解できるようにします。また、状態以外にもカテゴリの分類に使用されることがあり、「重要なお知らせ」「メンテナンスのお知らせ」といった特定の情報を視覚的に整理するのにも適しています。

ラベルの色によって受講の状態が把握しやすい。

多数の似た色を使用するとユーザーの混乱を招く。

POINT チップは情報を並列に扱うことができる

　チップはオブジェクトに関連する属性や情報を補足的に表示するために使われます。ステータスラベルとは異なり、チップは目立たせるのではなく、情報を並列に扱うことで調和を保つデザインが特徴です。例えば、タグやキーワードの表示、選択された項目の列挙、フィルター条件の表示などで使用されます。色や装飾が控えめなデザインが一般的で、視覚的なバラつきを抑えることで複数のチップを並べた際にも整然とした印象を与えます。ユーザーが情報を読み取りやすく、比較が容易になるという利点があります。

185

CHAPTER 6
パーツを改善する
ヒント

情報通知や項目に特定の状態や数値を表示するパーツ

26 | バッジ

　バッジは、項目に特定の状態や数値を付与し、ユーザーに通知するためのパーツです。よく見られる用途には、未読通知の件数を示すバッジや、単にドットで新着を表現するものがあります。バッジは目立つデザインでユーザーの視線を引きつけるため、適切な場所に配置すれば重要な情報を迅速に伝える効果があります。

POINT バッジを消したいという心理に働きかける

　バッジは、ユーザーに重要な情報や未完了のタスクを視覚的に伝えるための効果的な手段です。特に未読メッセージやアクションが必要な項目を目立たせることで、ユーザーに迅速に対応を促すことができます。バッジが表示されると、ユーザーはその情報を早急に確認し、消したいという心理が働きます。色やサイズを工夫することで視認性を高め、通知があることを強調しましょう。

POINT バッジを消すアクションを明確に伝える

　バッジは、ユーザーに対応を促すツールであるため、「何をしたらバッジが消えるのか」を明確に示すことが重要です。ユーザーが行動に迷わないよう、遷移先のページや画面内で対応が必要な箇所を直感的に理解できる設計が求められます。例えば、通知バッジが「未読メッセージ」を示している場合、遷移先のページで未読と既読がはっきり区別できるデザインを用意します。1件ずつの既読管理が重要でない場合は、ページに遷移したタイミングでバッジが自動的に消える設計にする場合もあります。また、未完了のタスクを示すバッジの場合、未入力の項目や達成すべきアクションを明確に示すデザインを用意することで、ユーザーは次の行動を直感的に予測しやすくなります。

　バッジを消す方法がわからないとユーザーは強いストレスを感じてしまうため、わかりやすい設計を心がけてください。

TIPS

バッジは本当に必要な箇所だけに付ける

ユーザーが必要としないバッジは、やがて形骸化してしまいます。バッジが乱用されると、ユーザーはそれを無視するようになります。これでは、バッジ本来の役割である「注意を引く」効果が失われてしまいます。そのため、バッジは本当に必要な箇所だけに付けるようにし、適切に管理しましょう。

必要以上にバッジを付けることで、かえってユーザーが注意すべき箇所に気づかなくなったり、重要だと感じなくなる。

CHAPTER 6 パーツを改善するヒント

補足情報をオンマウスで簡潔に表示できる

27 ツールチップ

　ツールチップは、アイコンやボタンなどの要素にカーソルを合わせることで表示される小さなポップアップです。主にPC画面で補足情報や操作方法を伝えるために使用され、画面上でスペースを節約しながら詳細を表示できます。例えば、アイコンが意味する内容や、ボタンを押した際の結果を簡潔に説明することができます。初めて使用する機能やわかりにくい要素を補足する場面でも有効です。

　ツールチップは一時的な表示であるため、ユーザーの操作を妨げにくい点も特徴です。

POINT オンマウスで表示するツールチップは簡潔に情報を提供する

　オンマウス表示のツールチップは、多用は禁物ですが、ユーザーが疑問に思う可能性が高い要素に対して、補足情報を簡潔に伝えることができます。特に意味があいまいなアイコンや操作の結果がわかりにくいボタンに対して効果的です。わかりやすい要素の場合にはツールチップは不要です。

　また、ツールチップ内の情報量は必要最低限に抑え、長文や過剰な説明を避けることで、ユーザーは瞬時に内容を理解できます。

アイコンだけのボタンにはツールチップを表示する。

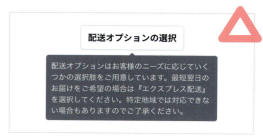

オンマウス表示のツールチップは、一時的な表示のため、長いテキストの表示には向いていない。

POINT 省略された文字を補完するツールチップ

レイアウト上の制約で文字情報が省略される場合、ツールチップを利用して全文を表示する方法が有効です。省略された箇所をオンマウスしたときに、ツールチップで全体の内容を表示すれば、クリック前に省略された情報を確認でき、ユーザーは安心して操作することができます。省略された文章を表示するときは文字量が多くなりがちなため、ツールチップを表示するエリアに注意して設計してください。

POINT クリック、タップで表示する補足説明のツールチップ

クリック、タップで表示されるタイプのツールチップは、固有名詞や専門用語、入力欄の補足説明する場面で有用です。項目の近くに「？」アイコンや情報アイコンを設置してクリックさせる仕組みは、初心者にも視覚的に理解しやすく、スムーズに疑問を解消して操作できます。オンマウス表示のツールチップの場合は長文を避けるため、長い説明を表示する場合はクリック、タップ操作で表示するように設計しましょう。

CHAPTER 6
パーツを改善する
ヒント

意思決定や特定の情報に集中させる

28 モーダルダイアログ

　モーダルダイアログは、ユーザーへ意思決定を促す場面で、重要なひとつの操作に集中させるために利用します。特定の操作を行うと画面が暗転し、中央にウィンドウを表示します。操作する箇所が1点になり、ユーザーをウィンドウに強制的に注目させることができます。特に「データを送信します。よろしいですか？」のような「はい／いいえ」で回答する意思決定の場面でよく使われます。誤操作をなくし、ユーザーが安心して利用するために必須のパーツです。

POINT 意思決定のボタンの文言は具体的に

モーダルダイアログの下部には意思決定のボタンを表示します。このボタンは「OK」や「はい／いいえ」などの意味が曖昧な文言ではなく、具体的な操作を表示する必要があります。

モーダルダイアログは特定の操作の確認をするために用います。「保存」「送信」「印刷」など具体的な操作がわかるメッセージを表示し、押下の結果を明確に示す必要があります。取り消すときのボタンは最も一般的な「キャンセル」を用いるとよいでしょう。

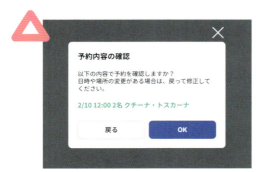 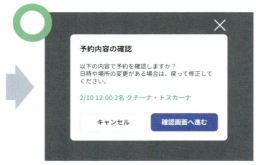

POINT 取り消しの「キャンセル」

「取り消し」の操作をモーダルで実行するとき、「キャンセル」「取り消し」と記載すると、同じ言葉が並び、誤解を与えてしまいます。こういった場合は、ユーザーが押すボタンを迷わないように、「予約したままにする」「予約を取り消す」といったように、キャンセルボタンの文言も調整しましょう。

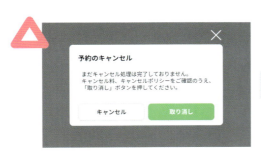 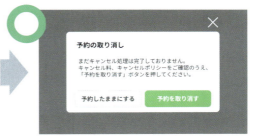

POINT 複雑な操作を分割して簡単に見せる

画面内に複雑な操作がある場合、モーダルダイアログを用いることで、一部の操作を切り出して見せることができます。機能が増えて複雑になった画面も、操作範囲を一部分に限定することで、操作が理解しやすい画面になります。登録の工程が長い場合や、複雑な作業工程がある画面では、モーダルダイアログに作業を分割できないか考えてみましょう。

POINT モーダルダイアログを重ねて表示しない

モーダルダイアログ内でさらにモーダルダイアログを開くことはできる限り避けましょう。モーダルダイアログが二重になると、ひとつ目のダイアログの情報を次のダイアログに引き継ぐことになります。そのまま何重にも続くと、リレーのように少しずつ情報が渡され、どのような操作をしようとしていたかわからなくなることがあります。

内容によっては二重程度なら問題ない場合もありますが、ユーザーが情報をうまく読み取れるかどうか、という観点で判断しましょう。

やむを得ず二重にする場合は、モーダルダイアログの大きさを変え、重なっていることがわかるようにする。

POINT ダイアログを結果表示に使う

モーダルダイアログで結果を表示すれば、ユーザーに確実に気づいてもらうことができます。ただし、この手法はユーザーの操作の流れを止めてしまいます。使用は必要最低限にし、トーストやメッセージなどで結果を表示するようにしましょう。

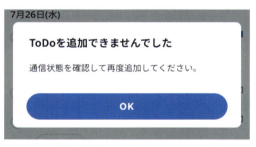

エラー内容を再確認できなくなってしまうため、特にエラー結果には使わないようにする。

TIPS
「OK」と「キャンセル」はどちらが右？

モーダルダイアログは「OK」「キャンセル」のように、肯定と否定の言葉が並びます。この並び順はWindows PCでは「OK」「キャンセル」の順。iPhoneでは「キャンセル」「OK」の順となっています。このように、プラットフォームによってルールが異なっているため、利用するユーザーのプラットフォームに合わせるようにしましょう。例えば、Windows専用のアプリであれば「OK」「キャンセル」の順が望ましいです。

複数のプラットフォームをまたがるアプリを作る場合や、明確なルールがない場合は、人間の心理的な視線の誘導に従い、「キャンセル」「OK」の順番にするようにしましょう。

CHAPTER 6 パーツを改善するヒント

ユーザーに情報を伝える通知パーツ

29 メッセージアラート

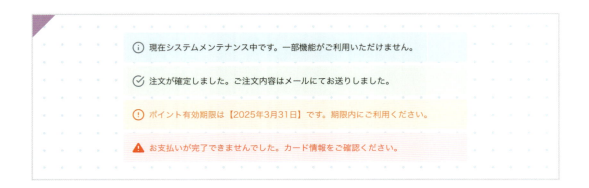

　他の要素よりも目立たせ、ユーザーに情報を伝えるためのパーツです。伝える内容によって色やアイコンを変えるようにします。一般的に「Information」「Success」「Warning」「Danger」の4種類がよく使われます。

　画面上に追加で現れたパーツのように見せ、ユーザーの注目を集めるようなデザインにします。特に、注意事項は黄色、エラーは赤など、ユーザーが重要な操作を誤らないように適切に配置しましょう。

POINT お知らせとして使うアラートと、フィードバックとして使うアラートを使い分ける

お知らせとして使う

これらは画面上に最初から表示し、システムからのお知らせや操作上の注意点などを記載する。押下することで詳細な情報を確認できるリンクとする場合もある。

フィードバックとして使う

ユーザーの操作に対する回答として表示する。ユーザーの実行操作後に「成功」もしくは「失敗」を表示するようにする。

CHAPTER 6 パーツを改善するヒント

操作へのフィードバックを表示する

30 | トースト

　トーストはユーザーが行った操作のフィードバックとして用います。表示後、しばらくすると自動で非表示になるため、操作を中断することがありません。表示する内容は「保存しました」「送信しました」などの成功を表す短いテキストで利用します。エラーメッセージなどは、エラー内容をユーザーが読む必要があるため、自動で消えてしまうトーストは適していません。

POINT ユーザーが気づきやすい場所に表示する

　アプリケーションによってトーストの表示位置はさまざまです。直前の操作ボタンの位置の近く、もしくは、画面の上部に表示することが一般的です。

モバイルアプリは多くの場合、画面の下部に操作ボタンがあるため、下からトーストを出すことが多い。

TIPS トーストとメッセージアラートの「Success」はほぼ同じ

この2つは役割が被っているため、アプリ上はどちらかだけがあればよいです。トーストは自動で消えますが、メッセージアラートはユーザーが消す必要があります。

トースト

メッセージアラート

CHAPTER 6 パーツを改善するヒント

セクションを開閉し、必要な情報だけ表示する

31 アコーディオン

アコーディオンは、縦方向の限られたスペースに多くの情報をまとめるのに適したパーツです。特定のセクションを開閉することで、必要な情報だけを表示し、全体の情報量を視覚的に整理する役割を果たします。特にFAQページや設定画面、モバイルアプリなど、画面スペースが限られている場合に有効です。ページの情報量が多く長いスクロールがある画面では、最初からアコーディオンを閉じておくことで、ユーザーにまず見出しだけを表示し全体像を把握させることができます。

POINT 矢印アイコンを使って開閉を表現する

矢印のアイコンはセクションが開いているか閉じているかを明確に示すためのものです。下向き矢印は閉じている状態、上向き矢印は開いている状態を示します。

矢印をテキストの左側に配置する場合は右向き矢印は閉じている状態、下向き矢印は開いている状態を示します。

開閉状態に合わせて矢印の向きが変化するアニメーションを加えると、よりわかりやすくなります。

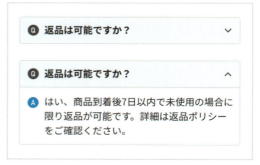

何が格納されているのかユーザーが判断しやすいように、簡潔でわかりやすい見出しテキストにする。

CHAPTER 6
パーツを改善するヒント

現在の進捗状況を視覚的に伝える

32 ステッパー

ステッパーは、複数のステップに分かれた工程を示すパーツで、特にページが分かれている入力フォームやプロセスフローでよく使用されます。ユーザーに現在の進捗状況を視覚的に伝えることで、次に何をすべきかが明確になり、入力途中での離脱を防ぐ役割を果たします。例えば、会員登録やオンライン購入の手続きなど、複数画面にわたる操作を伴う場合に効果的です。進行中のステップと完了したステップを一目で区別できるため、ユーザーは自分の位置を簡単に把握でき、全体の流れを直感的に理解できます。

POINT 全体の流れを明確に示す

ステッパーを設計する際は、進捗状況が正確に表示されるようにすることが重要です。途中のステップを飛ばして表示したり、進むべき道筋が不明瞭だったりすると、ユーザーの混乱を招く恐れがあります。また、画面の幅が狭いモバイルデバイスでは、横並びのステッパーが画面に収まりきらない場合があるため、スライド可能なデザインとするか、分数での表記を検討するとよいでしょう。

3〜6ステップ程度の短い工程では、全体の流れを示す線や矢印を追加し、完了までの距離感を図で視覚的に伝える。7ステップ以上に及ぶ長い工程では、分数での表記も有効。

CHAPTER 6 パーツを改善するヒント

処理中であることを伝える視覚的なサイン

33 | ローディング

　ローディングは、システムが処理中であることをユーザーに伝えるための視覚的なサインです。アプリケーションでは、ページの読み込みやデータの取得など、一定の待ち時間が発生する場面が少なくありません。その際、ローディングを適切に配置することで、ユーザーは現在の状態を理解し、待ち時間のストレスを軽減できます。特に、応答時間が1秒以上に及ぶ場合、何も表示されないとユーザーが状態を誤解したり、離脱したりするリスクがあります。ローディングは、単なる進捗の表示以上に、ユーザー体験を支える重要な要素です。

POINT ローディングのアニメーション

　回転、点滅などのアニメーションが一般的に広く認知されています。また、時間が長い場合は進行度がわかるようにプログレスバーを用います。近年ではキャラクターやイラストが動くような工夫を凝らしたアニメーションも多く、アプリの世界観の構築やブランディングにも活用されています。

POINT 画面全体を暗転させるローディング

画面全体が暗転し、中央にローディングを表示する形式は、汎用性が高く、どの場面でも使用できます。特に、画面全体の処理が完了するまで他の操作が行えない状況や、ユーザーが次のアクションを起こす前に処理を終わらせる必要がある場合に適しています。

POINT 画面の一部だけにローディングを表示する

画面の一部だけにローディングを配置する方法は、操作を中断させずに処理状況を伝えるのに有効です。例えば、検索結果の読み込み中に一覧表示のパネルだけにローディングを表示すれば、他の部分の操作を継続できます。画面全体をロックする必要がない場面で、ユーザーの自由度を保つことができます。

POINT スケルトンローダーの活用

スケルトンローダーは、画像やリスト、テキストなどの読み込み中のパーツをシルエットやグレーのラインで表現し、データが表示されるまでの間、画面のレイアウト全体を視覚的に提示する方法です。これにより、ユーザーは次に表示される内容を予測しやすくなり、通常のローディングアイコンと比べて待ち時間を短く感じる心理的効果があります。また、デザインとして違和感なく組み込むことができ、特に一覧表示やカード型デザインの読み込みに適しています。

画像やリスト、テキストの読み込みが伴うページでは、スケルトンローダーが効果的。

CHAPTER 6 パーツを改善するヒント

ユーザーにとっては操作を妨げる不要なパーツ

34 | バナーと提案カード

　一般消費者向けのモバイルアプリでは、広告バナーや、サービスへの誘導のための提案が表示されることがあります。ユーザーは基本的には明確な目的をもってアプリケーションを開いており、別の情報であるバナーや提案はユーザーにとって操作を妨げる邪魔な要素となります。運用上掲載せざるを得ない場合は、主導線の邪魔になっていないか十分にテストを行いましょう。

POINT メイン機能の操作感が薄れないようにする

　例えば、決済系のアプリはバーコードの位置は変わらず、下部にバナーが集まっています。必ず、メインの機能の操作感が変わらないようにしましょう。

　新機能を追加した場合など、ユーザーにメリットがある内容のお知らせでも、メリットがあるかどうかを判断するのはユーザーということを意識して、機能の邪魔にならないように気をつけましょう。

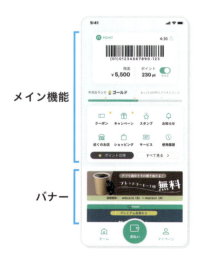

CHAPTER 6 パーツを改善するヒント

エラーを画面全体で表示する

35 エラー画面

「存在しないページへのアクセス」、「サービスがメンテナンス中」など、ユーザーがアプリケーションを操作できないときに表示する画面です。どんなアプリケーションでも必ず用意しておきましょう。ユーザーになぜエラーが起きているのかを明確に知らせ、助けとなる情報を載せるようにします。

POINT 助けとなる情報やリンクを載せる

ただエラーを出すだけでは、ユーザーも次に何をすべきかわからず混乱してしまいます。補足のテキストや適切なリンクを置くことで、ユーザーを誘導してください。

ログアウトになった場合は、ログインボタンを置く。

メンテナンス中であれば、終了目安時間を記載する。

Column　Storybookを使った実装パーツの整理

Storybookは、主にコンポーネント設計のプロジェクトで利用します。UIパーツのカタログ作成のための、オープンソースのサービスで、誰でも利用することができます。ボタンなどのUIパーツやコンポーネントの一覧を簡単にドキュメント化して確認・共有することができ、特に複数人での開発を行うときに意思疎通がしやすく、開発の効率化につながります。

Storybook　URL https://storybook.js.org/

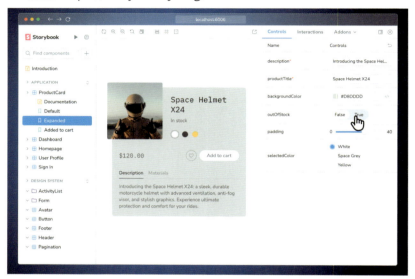

✅ Storybookのメリット

アプリ開発とは別の場所でUIパーツの実装・テストができる

　開発の画面とは別に、UIパーツだけをStorybook上に表示できます。互いに干渉せず、アプリ開発と同時進行でデザイン反映を行うよりもパーツの実装が進めやすくなります。

　例えば、ボタンの非活性状態や文字量が多い場合などのUIパーツの状態や振る舞いを整理でき、パーツのさまざまな表示をStorybook上でテストできます。「不具合の原因がパーツにあるのか、アプリ実装にあるのか」という判断もしやすくなり、テスト・検証の工程でも効率化につながります。

デザイナーと開発者の意思疎通がしやすくなる

　Storybookを見ることで、非エンジニアのデザイナーもコンポーネントの考え方を理解しやすく、開発者にとって再利用しやすいパーツを検討しやすくなります。また、Storybookをデザイナーが確認することで、デザインとの差異もチェックでき、パーツ単位での修正指示も行いやすくなります。

著者紹介

東影 勇太（ひがしかげ ゆうた）

2014年、NRIネットコム株式会社に入社。
UI/UXデザイナーとして、Webサービスおよびモバイルアプリのデザインや画面検討に参画
し、これまで大手企業の社内システム、デスクトップ業務アプリのデザインを多数手掛ける。
開発メンバーとのコミュニケーションや協業を大切にし、デザイン知識の発信や、デザインシ
ステムの構築に積極的に取り組んでいる。

和田 直樹（わだ なおき）

2013年、NRIネットコム株式会社に入社。
UI/UXデザイナー兼プロジェクトマネージャーとして、大手企業のコーポレートサイトや特
設サイト、社内システムのデザイン、プロジェクト管理に従事。「HCD-Net認定　人間中心設
計スペシャリスト」を取得し、ユーザー視点に立ったデザインを追求してきた。2024年6月よ
り人事部にて採用業務を担当。デザイン業務を通じて培ったコミュニケーションの経験を活か
し、求職者が会社とより良い関係を築けるよう支援している。

本書掲載プロダクト

Apple Inc.、iOS (p.91、p.143、p.165、p.193)、macOS (p.98)
Bootstrap Icons (https://icons.getbootstrap.jp/) (p.55)
Figma, Inc.、Figma (p.21、p.38、p.47、p.55、p.56、p.99、p.138)、FigJam (p.133)
Font Awesome (https://fontawesome.com/) (p.55)
Google LLC、Chrome DevTools (p.96)
GO株式会社、タクシーが呼べるGOアプリ (p.51)
LINEヤフー株式会社、LINEアプリ (p.51、p.91)
Material Symbols & Icons (https://fonts.google.com/icons) (p.55)
Slack Technologies, LLC, a Salesforce company.、Slackアプリ (p.60)
Storybook (https://storybook.js.org/) (p.202)
Zoom Communications, Inc.、Zoom Workplace (p.63)
株式会社NTTドコモ、ahamo (p.109)
株式会社出前館、出前館アプリ (p.51、p.91)
株式会社リクルート、ホットペッパービューティー (p.85)
日本マイクロソフト株式会社、Power BI (p.109)、Microsoft 365 (p.159)、Windows (p.193)
日本郵便株式会社、郵便局アプリ (p.51)
ヤマト運輸株式会社、ヤマト運輸アプリ (p.63)

＊以上、アルファベット・50音順

■ 本書のサポートページ
https://isbn2.sbcr.jp/29120/

本書をお読みいただいたご感想を上記URLからお寄せください。
本書に関するサポート情報やお問い合わせ受付フォームも掲載しておりますので、あわせてご利用ください。

UIデザインのアイデア帳
アプリ・Web制作の現場で使える 基本＋実践ノウハウ83

2025年 4月30日	初版第1刷発行
2025年 6月 2日	初版第2刷発行

著 者	NRIネットコム株式会社　東影 勇太　和田 直樹
発行者	出井 貴完
発行所	SBクリエイティブ株式会社
	〒105-0001 東京都港区虎ノ門2-2-1
	https://www.sbcr.jp/
印 刷	株式会社シナノ

カバーイラスト	大川 久志
カバーデザイン	松本 歩（株式会社 細山田デザイン事務所）
本文イラスト	平松 慶
制 作	クニメディア株式会社
編 集	友保 健太

落丁本、乱丁本は小社営業部にてお取り替えいたします。
定価はカバーに記載されております。

Printed in Japan　ISBN978-4-8156-2912-0